任何住家都能够完成！

3日奇迹整理术

怕麻烦的我，好不容易找到正确的整理收纳方法，
这个方法其实非常简单。
只要利用 3 种道具，
整间房子就能够整理就绪。
现在，就让我们一起来实现一生都不会再杂乱的舒适生活！

奇迹整理术的3大步骤

1. 以思想改革描绘出心目中的理想生活！
明确地了解自己想要在什么样的家里度过，在生活之中最重视的事情是什么！

2. 将房子整理归位，并维持3成宽裕空间！
将物品减少至能够管理的数量。所有收纳橱柜都要维持 3 成的宽裕空间！

3. 以重整归零的方式，来维持住家的整洁！
1 天花 15 分钟将物品归回原位。只要每天都执行，住家永远都能干净清爽！

整理物品时所使用的3大神器

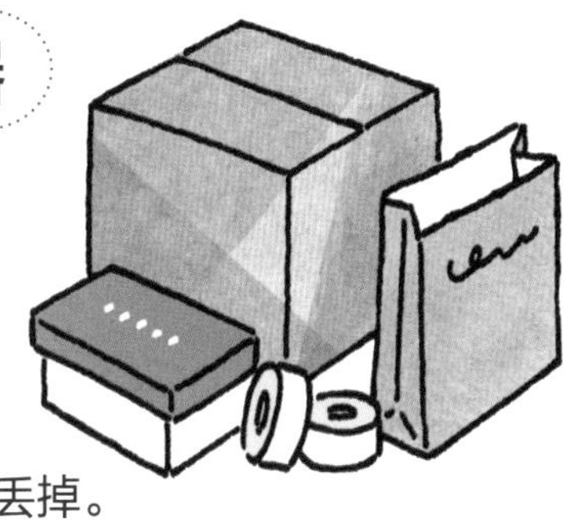

1. 纸袋
尺寸与材质完全不同也没关系。
使用家里现成的购物袋就够了。

2. 空箱
利用网购时寄来的纸箱。
在整理物品之前，如果有这些空箱千万不要丢掉。

3. 封箱胶带
用来标示纸袋、空箱中的物品类别。用手就可以撕下来，也很容易剥开。

接着，是上过整理课程的学员的成功案例！

第1天
整理橱柜＋衣柜

储藏柜里有许多不需要的物品
第 1 天先锻炼你严选物品的速度

收纳容量基本上
是橱柜的7成空间!

[橱柜]

BEFORE

因为物品放满有限的空间，想要拿出来会相当辛苦!

AFTER

也可以利用原本的收纳盒，使橱柜里放置的物品一目了然。

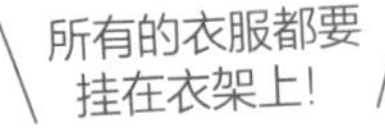

[衣柜]

BEFORE

被大量衣物塞到满的衣柜。这样的衣柜，若是在忙碌的早晨，要决定穿什么衣服，一定会疯掉!

AFTER

包包可以放在床头柜里，而小物则收集在收纳盒里。能够看清楚每一件衣服，拿出来穿时也很方便。

第2天

收拾厨房＋盥洗室

家人每天最频繁使用的重要地方就是厨房与盥洗室

第 2 天的目标就是，使用起来方便的收纳方式

把东西全部收起来
就比较方便使用！

[厨房]

BEFORE

烹调器具与调味料全部放在外面。而柜子里也摆满了各种物品。

AFTER

台面上只放最常使用的品项，厨房就能像照片中一样干净清爽。如此一来，也能开心地做菜了。

创造一个
方便打扫的洗脸台！

[盥洗室]

BEFORE

牙刷及洗面乳全都放在洗脸台上，洗衣篮也放在通道上，很不方便。

AFTER

除了洗手液之外，请将全部物品都收进柜子里。整理洗脸台时，一定要注重使用的方便性。

第3天
清理客厅＋玄关

客厅与玄关是所谓的“门面”
请慎重选择你最爱的物品放在这里

[客厅]

BEFORE

房间的衣柜里塞满了不必要的物品，所以棉被只好拿到客厅放。

随时都可以
邀请朋友来家里玩！

AFTER

以方便打扫为优先考量。把地毯丢掉了，地板显得清爽干净。

[玄关]

BEFORE

包装都还来不及拆开的赠品、孩子的玩具，什么杂物都堆在这里。

第一印象就要给人美好的空间感！

AFTER

请严选物品来摆放。可以配合季节放些花草装饰在这里，或是在玄关放些你最喜爱的东西。

令人怦然心动的3日奇迹整理术

［日］石阪京子 / 著　　王晓维 / 译

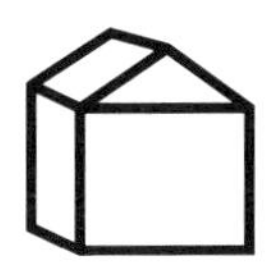

CNS PUBLISHING & MEDIA 湖南文艺出版社 HUNAN LITERATURE AND ART PUBLISHING HOUSE 博集天卷 CS-BOOKY

令人怦然心动的
*3*日奇迹整理术

前 言

我从整理300间以上房子的经验之中所体会到的事情

本书主要是撰写“用3天时间来将住家全部整理就绪的方法”。然后，怎样能够让住家不再变回从前杂乱的模样。想要只用3天时间就将住家全部整理完毕，必须要学会各种秘诀和技巧。例如，整理时的顺序与思考方式、收放物品的地方等。

整理住家这件事，因做法的不同，有时是一种辛苦而孤独的工作。犹豫着该丢弃哪些物品，或是不知道该将物品收放在哪里，会有许多的情况产生。为了不使这些情况发生，让读者能在整理住家时找到每一个问题的答案，我撰写了许多具体的方法。只要有具体方法作为参考，就不会再犹豫不决，花3天时间就能够将一整间房子整理就绪。

“需要花3天的时间啊？”或许也有人会这么想。但是这个方法不需要再整理第二次，一生之中只需要花这3天时间而已。只需要3天时间就不必再整理，难道你不想要试试看吗？

我现在所进行的整理住家课程，是去为无法整理好住家而烦恼的学员家里拜访，教导他们如何将一整间房子都整理就绪。而针对远方的学生，是请他们用电子邮件将住家的平面配置图、照片及生活上的烦恼寄给我，然后进行整理住家的电子邮件课程。

透过整理课程，学员们都学会了自己整理住家的技术。这是从棉被到一张数据文件，都能够毫不犹豫地全部整理就绪的整理系统。

到目前为止，我整理过300间以上住家的每一个角落，课程结束之后，也没有一间住家又变回之前杂乱的模样。不只如此，大家都因此找到适合自己的生活方式，非常愉快地度过每一天的日常生活。他们都纷纷地告诉我：“连做菜与打扫都变得非常开心！”在刚开始整理住家时，大家都是一副郁郁寡欢的模样，还说出“我的个性懒散，可能无法完成整理住家的任务”这样的话来，但是现在大家都从被物品支配的生活之中脱离出来，过上了自己控制物品的生活，终于露出开心的笑颜，在工作、家事与育儿之间努力地生活。

虽然现在整理住家的工作，已经变成我生活方式的一部分，但其实我以前也很不擅长整理收纳工作。我不是天生就喜欢整理收纳工作，也不是一个井然有序的人，我娘家的房间几乎都非常凌乱。从高中时期就认识我的人，都会睁大双眼惊讶地说：“什么？京子现在是整理住家的老师吗？”我刚步入社会时正遇上泡沫经济，那是街道上到处都充满着美好物品的时代。我最喜欢可爱的物品，不论是衣服还是包包，只要我想要，都会想尽办法去得到。买了一个又想要下一个。但我是粗枝大叶的性格，好不容易买到的物品却不懂得好好地保管，总是遗失或是一直在找东西。

我在26岁时结婚，当我生下女儿与儿子、开始养育孩子之后，身边的物品增加了不少，生活变得更加辛苦。当朋友到家里来做客时，我把东西全部堆在一个房间里面，还告诉他们：“千万不要进入这间房间！”不过，我结婚之后产生了两个很大的变化。

第一个变化就是，我必须要开始照顾50多岁就罹患重病、无法自由行动的婆婆。我每周末都要到婆婆住的医院去照顾她，连假、祭祖假期、年末年初都要照顾回家过节的婆婆。

对于不擅长做家事的菜鸟主妇而言，照顾病人是一个负担沉重的任务。但是对于做家事与看护婆婆这两件事情，我都不愿意偷工减料。

于是我就开始思考：“如何在不偷工减料的情况之下，轻松地来完成家事？”“怎么做才能够让时间更加充裕？”并不断地摸索，反复去试验。

而另一个变化是，先生开始经营房地产公司，我也开始帮忙。由于参与了房地产业，我也开始真正地接触到之前一点都不擅长的整理住家工作。

购买土地、考虑收纳计划、配置完美出色的厨房系统家具、梦想着理想生活而建立一个属于自己的家——在这样的顾客身边，看着他们建立了理想的住家，就如同完成了自己的梦想一般兴奋不已。看着建立好的住家，心里想着接下来这家人会拥有怎样的经历与回忆，连我都开心得不得了。

但是……半年后，我到一位与我相当亲密的太太家里去做客时，发现刚建好时令人惊叹不已的完美住家，变成了这样——白色的地板上放置着旧报纸与杂志；不知道是不是因为长时间没有打扫过，到处都是头发及灰尘；餐桌上摆着吃到一半的饼干与面包；许多杂物堆积在房间的每个角落里，给人杂乱无章的印象。

“咦！ 怎么会这样？”我好不容易才压抑住心中的惊讶。

“果然像大家所说的，一定要买过3间房子，才能够打造出一间完美的住家。老公与小孩都不会帮忙整理，家里应该还是要多做一些收纳空间才行吧！”这位太太微笑着对我说明，虽然她的开朗态度稍微令我好过一些，但我还是忍不住感到悲伤。

虽然大家都说没有买过3间房子，就无法打造出一间令人满意的住家来。但是一生之中能够购买3间房子的人并不多。梦想着理想生活，建立了人生中只有一次的住家，却只经过半年的时间，就放弃了自己的理想生活……竟然还是由于无法整理好物品，这种微不足道的缘故……

于是我就开始注意新建住宅顾客们的生活情况，果然在1年左右后，大部分人家里就会变得凌乱而无法整理就绪。

住家无法整理收拾干净，真的是因为收纳及住家构造的问题吗？要维持一间完美整齐的住家，到底应该怎么做才好呢？我该如何来帮助大家呢……在我思考了许多事情之后，决定去考整理收纳顾问的执照。

但原本并不擅长整理收纳工作的我，即使考取了执照，也没有自信能够立即从事整理收纳顾问的工作。因为我不确定能否用自己所学的内容，整理好房子。

于是，我就先试着开始整理自己的住家，将每一个角落都拼命地整理干净。在这个过程中，已经算不清有多少次与老公意见不合，产生争执而变得沮丧不已。

“如果不会再用到就丢了吧！”“反正有地方可以放，

就留着有什么关系！”经过无数次的激烈争吵，反而因此学到了许多事情，让我更能够理解学员与她们先生的心情，所以现在我非常感谢我的老公。

整顿好自己的住家之后，我拜托顾客与朋友们，让我免费替大家整理住家，于是就展开了我的“整理收纳的实习工作”。甚至拜托了朋友的朋友，只要听到有人对整理住家感到烦恼，就立刻飞奔过去处理。当我回过神来，已经在不知不觉之中整理了50间以上的房子，这时在我的心里，终于对整理住家产生了自信。

在整理收纳的实习之中，我感受到有许多家庭，因家人之间的想法不同而产生许多争执。即使如此，在整理好住家之后，见到大家终于体会到肉眼所见不到的舒适感，我就能够更加有自信地说出这句话：“为了让全家人都能舒适安定地生活，整理好家里就是最优先的条件！”而且在住家整理就绪之后，这些学员的家庭都开始发生各式各样的变化。由于整顿好房子之后，搬家费用的预定金额突然减少了许多；虽然有许多人来观看，却完全卖不出去的公寓房子，竟然能够签好合约卖出去。

而其他家庭也发生了许多事情，虽然不知道与整理住家是否有直接的关系——有一个家庭的孩子一直把自己封闭起来不愿意出门，现在竟然愿意去上学了；先生终于完成了梦想成立了属于自己的公司；夫妻圆满生了小孩；平时老是吵架的夫妻，现在恩爱到会一起去旅行，发生了许多奇迹般的事情。

我现在相当自信地告诉大家：整理住家，就是人生的基础。人类的心情与思考方式，都会随着整理住家的步骤，逐渐地整理成形。想要成为理想的自己、想要度过理想的生活，都能够因此而达到目标。

其实一开始，我并没有想要将整理收纳当作工作来做，但由于我是个只要遇到开心或是愉快的事情，就会马上想要分享给大家的人，而且能够与因整顿好住家而展开笑颜的孩子及家人相遇，真是一件非常开心的事情，所以我无法停下这份工作。

现在因为学员们之间相互介绍，预约已经排到了半年之后。这就代表有这么多的家庭，都因为整理收纳而烦恼！为了能够帮助大家解决困扰，于是我想到可以将自己整理了300间以上房子所得到的经验，整理成一本书提供给大家参考。

在我的整理课程中，想要将一整间房子都整理就绪，有许多家庭只需要仅仅3次就能够达成目标。只需要深思我在课程中所传达的“思想改革”，来改变你对整理住家的想法，那么不论是什么，都能够在3天之内全部整理就绪。所以在本书中，我也是以3天的课程来叙述。只要照本书的方法来做，就能够将住家整理就绪。

特别是“目前为止阅读了许多整理收纳书籍，也无法收拾好家里”的你，如果能够阅读本书，我将感到十分欣慰。在我的学员里，有些即使只用文字与照片的电邮上课，也能够逐渐地学会整理住家的技术，相信本书一定也可以对你有所帮助。

请与你的家人一起阅读本书，并且相信自己一定能够办到而积极向前，如果能够如此，我将感到非常欣慰，谢谢大家。

令人怦然心动的
*3*日奇迹整理术

目 录

CONTENTS

第1章
整理收纳成功的 2大关键

第 2 章
开始进行“3日奇迹整理术”之前的10大重点！

目 录

CONTENTS

第3章
“3日奇迹整理术”大公开！

铺垫棉被②　放置在各自的寝室来管理
私人物品　不要放在客厅，请放回各自的房间
换季用品　放置在较不易拿取的地方即可
回忆物品　做成电子图文件来保管
空箱　只保留电风扇与携带式瓦斯炉的空箱
毛巾·袜子·内衣　严格筛选之后“以固定数量来管理”
毛巾·衬衣　请收纳在方便使用的地方
铺垫棉被③　不再使用的棉被，请放进棉被袋里来节省空间
衣物①　不再适合自己，代表这件衣服的任务已结束
家居服　千万不要因为“丢掉太可惜”而拿来当作家居服
衣物②　集中放在同一个地方是基本方式
衣物收纳　请活用便利的“衣架收纳法”
衣架　请选择同一款较细的衣架来挂衣服
衣物折叠法　折叠好的衣服不要放进抽屉里
只穿一次的衣物　创造一个暂时放置穿过衣服的空间
棉被·毛巾·衣物　暂时放好后，完成第一天的作业

目 录
CONTENTS

第3天 整顿客厅和玄关 _136

挑战“3日奇迹整理术”！ _162

目 录
CONTENTS

第4章
一辈子都不再杂乱无章！

第 5 章

学会整理住家

打扫除、洗衣、做菜也变简单！

目 录
CONTENTS

第1章

整理收纳成功的2大关键

其实每个人都懂得整理房子

住在乱七八糟的房子里的人，一般人对他们的印象大多都是“懒散没规矩的人”“吊儿郎当的人”。或许也有人会这么想：“反正即使整理干净，由于性格使然，一定又会恢复成原本脏乱的模样。”而实际上，来我这里参加整理课程的学员，他们的家里乍看之下也是给人杂乱无章的印象——地板上到处散乱着东西、物品拿出来之后就不放好、抽屉里面也没有整理干净。

但是，其实大部分的学员都是认真规矩、一丝不苟的人。他们阅读了许多居家整理术方面的书籍，并且模仿整理达人的收纳方法，但仍然对于无法把家整理好而感到烦恼不已，所以才会委托我帮忙。

“即使一再地整理，家里仍然无法整理好。我已经累了……”

“我已经丢了许多东西，不过即使整理好，只要过一周，地板上的东西又堆得乱七八糟，这种情况总是不断地重复发生……”

“小孩不会帮忙整理玩具，而老公也是拿出来东西就不放回去，而我自己也将衣服脱下来之后就堆在椅子上，每天都在不断地寻找物品……”

“周末假期总是被堆得像山一样高的待洗衣物及扫除追着跑，做完之后一天的假期就结束了。而在料理方面，其实我想要好好地做菜给家人吃，但时间总是不够，只好随便煮煮敷衍了事。对老公感到很抱歉，再这样下去，对小孩的身体也不好……大家都是怎么做到的呢？”

在第一次的课堂中，大家都带着一张疲累的脸对我这么说。

而事实上也有几位学员，曾经委托专业的打扫人士来家里帮忙整理。虽然委托他们将厨房及客厅整理干净，但是因为无法自己掌握物品摆放的位置，所以过不了多久，家里的东西就又堆得到处都是。“会不会是客厅的收纳用具不够？”也有人被如此建议，就购买了置物柜架将墙壁全部挡住。

而学员之中，也有人被建议要在客厅设立自己喜爱的裁缝区域——“其实根本没有时间做手工艺，整理好这样的区域之后，我连碰都没碰过。”而客厅里又多了因此而买来的布料，布满灰尘地堆积在地板上。

虽然花了大钱请专业人士来帮忙整理，但又马上恢复原本的模样，甚至有人因此而被老公责怪。

尽管经过不断地摸索、尝试，最后的结果仍然是失败。

而失败的理由，就是大家都没有去实践以下两个重点——

❶ 彻底了解自己到底想要过什么样的生活。

❷ 一定要将一整间屋子的物品整理归位。

想要成功地整理好住家，这两个重点就是关键所在。

你自己及家人想要过什么样的生活，其他人不可能知道。每个人希望的都有所不同，所以，在人生之中要优先考虑以哪些事情为主来生活，才能使心情安稳。

让别人来替你整理出生活的结构，都只是一时之计。而实际上，如果没有定义出自己“想要过什么样的生活”，那么你的家就无法成为心灵安稳的住处。

而同样的情况，即使你阅读再多关于整理的书籍，如果没有去思考你的人生要以什么模样优先来生活，那么整理好之后，还是会恢复原本脏乱的模样。

所谓“了解自己想要过什么样的生活”，就是明确地在心里描绘出，在你的人生之中最重视的事情是什么，而为了要实现这样的生活，就要去思考该如何整理家里。

所以开始整理住家之前，首先要明确地知道，你在生活之中最重视的事情是什么。

如何减少多余的东西、要将东西放在什么地方等，想要决定这些事情，都取决于大家所描绘出来的生活方式。而正因为有了这个憧憬，家里才不会再次到处散乱摆放物品，也不会重蹈覆辙，这样就有可能实现奇迹般的整理模式。

找出对自己而言优先的事物，解决自己的疑惑之后，然后再找出与这些物品相处的模式——这就是整理物品时，最为必要的中心思想。

想要实现理想的家，要先从减少物品开始

我们每一个人都以为“只要家里整齐干净，就能够实现理想的生活方式”。其实这个想法是错误的。应该是先拥有理想的生活方式，家里才能够整齐有序。

我有一位学员，她好不容易才建了一栋属于自己的独栋房子，却立刻后悔了。因为在建筑预定地的旁边，开发商突然决定要建另一栋房子，她考虑到采光等各种因素，改变了设计图，结果反而越弄越糟。比如家里的房间配置不合理，一家人住进去之后，很不方便，发现了一大堆令人后悔的事情，从而导致夫妻失和，老是吵架。

虽然之后两人生了小孩，但家里有许多无法见人的地方，所以也没办法让孩子的朋友到家里来玩。而我这个学员，从小就生活在租来的狭窄房子里，所以十分憧憬有一个能够招待朋友来玩的家。而现在好不容易拥有了属于自己的家，竟然也要让孩子承受无法带朋友回家的痛苦……

“想要有一个能够让孩子招待朋友回家玩的家。”

“好不容易拥有一间属于自己的家，想要将它改造成自己喜爱的模样。”

“为了先生想要改变自己，不要老是焦虑不开心。”

这些就是这位学员在整理住家时，最应该重视的事情了。如果旁边没有建其他的房子就好了；如果当时变更设计图时，建筑公司能够提出更准确的建议来就好了；如果能够在更宽广的土地上建房子就好了……或许这样，就能够实现属于自己的理想生活。

不过她现在的住家，其实也能够实现她想过的理想生活。为了实现这个梦想，唯一的方法就是将家里的东西，减少到自己能够管理的数量。如此一来，家里就能够被整理得焕然一新，成为一个随时都可以招待客人的住家。任何东西都能够马上找到，扫除及洗涤衣物都能够顺畅进行，也可以减少焦虑情绪。

不论住家空间怎样狭窄，只要改变你整理物品的思考模式，以及做家事的方式，以少量的物品来过轻便的生活，一定能够办到。而这本书就是要告诉你，怎样用正确的收纳方法来实践你心中的理想生活。

如同上述学员一样，如果她只是去思考“要如何去收纳物品”“没有地方可以放东西，是因为地方太小了”，就无法从被物品包围的生活中逃脱出来；但她若是改变思考模式去想：“能够与孩子一起度过的时间还有几年呢？应该优先处理的不是这些物品，而是与孩子相处的珍贵时间。”就能够以最低限度的生活必需品来减少物品了。

这样的整理方式，并不需要去责备他人或是生气，而是去思考如何才能够让家人都过得幸福快乐。这是从情感所出发的行为，是一种关怀体贴的举动。

物质不重要，真正能安抚心灵的是人情温暖

我自己本身，发现改变思考模式的重要性，是在致力于处理一间住家的整理工作时，当时正值儿子中学一年级的暑假，我永远都忘不了的一天——2010年8月3日。

那时我考取了整理收纳顾问的专业认证，读遍所有整理收纳的书籍，以为自己已经相当了解住家的整理方式。减少物品，然后再将其分类收纳。只要拥有一些收纳技巧，并使用万能的收纳用具，我对于要将一个住家整理有序，相当有自信。

但是当时所发生的突发事件，完全颠覆了我原本的想法，令我深思“整理住家，其实还有更深重的意义”。那一天，儿子所参加的社团有晨练，我却不小心睡过头。于是慌慌张张地将他送出门，好不容易停下来喘一口气时，就接到儿子同学的母亲打来的电话。她说，应该是我儿子在上学途中发生了事故。

我还很轻松地以为，他是“东张西望所以不小心跌倒了”，当我赶到现场，才发现四周气氛严肃，我儿子闭着眼睛昏倒在人行道上。

不论我如何喊叫，他都不省人事、一动也不动地躺在那儿。

因为是早上，我怕柏油路太烫了，想要把儿子移到阳光照不到的地方，但当时只记得大家叫我“不要移动他比较好”，因为我已经惊慌失措，根本记不得其他事情了。

当时，我感到好害怕，觉得自己可能会失去最心爱的儿子。这一切都是因为我不小心睡过头、慌张地送他出门造成的，我自责地一直哭泣。

幸好在急诊室里，儿子终于恢复意识，医生说他并没有生命危险。不过由于大腿骨已经被压碎，最糟糕的状况可能会截肢……

终于，儿子平安地完成手术。医生告诉我以下这些话：

“与其期待他能够恢复正常走路，不如想想这次能够挽回一条命，真是不幸中的大幸。”在手术之后，我与先生每天晚上轮流住在医院照顾儿子。这时我才深深地体会到，全家人能够平平安安地过日子，是一件多么令人感恩的事情啊！

那段时间，儿子的内心一定充满着不安的情绪吧。他的表情越来越阴沉，而先生为了要使儿子稍微开心一点，每天都带着DVD与电脑游戏去医院给他玩，但儿子却只是挤出勉强的笑容，无法发自内心地开心起来。

直到某一天，儿子的朋友们突然带着大大的“千羽鹤”①到医

① 由一束一千个折纸而成的纸鹤串联，许一个愿望，使病人从疾病中复原。

院探望他。那时，儿子的笑容真是灿烂无比!

这一次的事件，让我打从心底体会到，真正珍贵的事情，是肉眼所见不到的。人类不会被物质所疗愈，但却会被与他人相处及温暖的心灵所安慰。

整理物品的最终目标是“创造回忆、疗愈身心”

儿子经过一个半月的住院治疗之后，终于回到家里。出院时用三根螺丝钉固定住腿骨，医生说在腿骨愈合之前绝对不可大意。他开始展开轮椅生活，进浴室洗澡时，也绝对不能将体重压在腿上。

所以为了不让他在家里受伤，地板上绝不可放置任何物品。

为了使他的轮椅能够顺畅地移动，必须要重新整合生活动线。

为了让他能够更方便地使用各种物品，房间里绝对不能到处散乱物品，必须要好好地重新收纳。

为了让儿子的生活更加便利，也为了珍惜与家人共同度过的时间，我非常认真地将家里重新整理了一次。包括将儿子的房间迁到1楼，与家人共享的客厅、厨房、玄关、浴室、盥洗室等全部都重新整理一次，不再乱摆东西，让大家能够更便利地使用。

而最终让我成功做到的方法是，使一切生活都变得更为简单的整理收纳法。

个性懒散又讨厌麻烦的我，如果有一丝丝的勉强，都无法长期持续。而且当时儿子的脚是否能够痊愈、若能痊愈要到何时才能完全恢复正常等问题，根本就没有答案，所以我是以长期抗战的心情来做准备的。总而言之，若不是以简单、轻松的方式来维持家里整洁，那么包括我在内，会增加家里每一位成员的负担。若是如此，大家的笑容就会蒙上阴影。

而我的整理收纳方法，就是以这段时间的体验为基础思考而成的。

被大家的温暖心灵所守护，儿子的脚的痊愈速度连医生都惊讶不已，半年后已经不需要拿拐杖就能走路了。复健的效果也非常好，第二年在学校的运动会时，他就像是没发生过任何事故一般，充满活力地跟大家一起跑步。当初那些来医院探望他的朋友，都来跟我道贺："真是太好了！"我也流下了开心的眼泪。

然而，因为儿子的事故，令我发觉想要整顿好家里，就必须要有一个明确的动机。这个事故让我体会到家人的重要性，让我真正明白整理收纳的意义，就是创造出全家能够愉快度过时光的空间，打造出让家人心灵安稳的时间。

“家里并不是累积物品的地方，而是创造回忆、疗愈身心的所在。”这是我不停地在课堂及博客所说的话，全因为儿子所遭遇的事故经历，让我得出这样的结论。

并不是只想要住在干净整齐的房子里，也不是只想减轻做家事的负担，你一定也有一个更加明确的想法。那就是对你而言的，整理收纳的意义。也就是在你整理收纳物品时，最优先需要考虑的事情。

“希望拥有更多与孩子们玩耍的时间。”

“希望拥有一个注重人与人之间相处的空间。”

“希望拥有一个舒缓工作疲劳、疗愈身心的空间。”

“希望拥有一个令自己能够集中精神、迎向崭新挑战的空间。”

人的一生只有一次。如果你拥有自己想要去完成的理想，就应该朝着理想勇往直前。

虽然我这么说，有些人可能会认为过于浮夸。但是想要完成你的理想，第一步就是要整理好你的住家。所有的事情，都与这件事息息相关。

过多的物品，反而会令你失去许多东西

在开始整理住家之前，我一定会先用一个小时的时间与学生谈话。在课程中，我将这个过程称为“思想改革”。

在面对家里的物品之前，请先面对自己的心灵，这一个小时，是用来挖掘藏在你内心深处的“比物品更重要、肉眼所见不到的东西。”我是因为儿子的事故而改变了自己的想法。所以，我希望学生们也能够去思考，整顿住家的本质与动机——这就是思想改革的第一步。

为何你会想要花费珍贵的时间与金钱去整顿住家呢？什么样的生活会令你感到幸福呢？

你心目中理想的生活是什么样的呢？

“我想要过清爽舒适的生活。”

“我想要在干净整齐的房子里悠闲地生活。”

那么，请再更深入地思考看看，你为何会想要过清爽舒适的生活？为何会想要在干净整齐的房子里生活？

而每个人的答案都有所不同。

“因为孩子要参加升学考试了，所以想要一个干净整齐的环境让他专心念书。”

“因为孩子说家里太脏乱了，无法叫朋友来家里玩。”

“先生工作一整天回到家来，家里一片凌乱，让他无法安下心来好好地休息。”

“家里无法彻底清扫干净，会使家人的气喘毛病恶化，想要改善这个状况。”

“因为家里无法彻底整理干净，夫妻之间老是因此而吵架。”

“想要买一个属于自己的房子，却因为毫无计划地购买物品，无法好好地管控金钱。所以想要减少物品过个简单的生活。”

“孩子们都出去独立生活了，想要为自己创造第二个人生，但是家里却脏乱得无法招待朋友。”

“老爷爷有一次被东西绊倒受伤，想要创造一个安全的住家。”

“想要一个能在朋友面前展现厨艺的空间，但现在的家里却无法办到。”

“每天都在整理东西、寻找东西，想要逃离这样的生活。”

那么让我们来彻底研究一下各位的烦恼：

★ 人际关系的损失 ★

★ 孩子成长的损失 ★

★ 时间的损失 ★

★ 金钱的损失 ★

★ 健康的损失 ★

每一项对你而言都是损失。原来住家没有整顿干净，竟然有这么多遗憾的事情发生。

那么，现在就将目前的损失转变为“获得”就好啦。将家里改造成孩子能够专心念书的空间；将家里变成让你不对孩子感到焦虑、能够简单完成家事的空间；将家里打造出能够招待朋友来玩的空间。这就是思想改革。

一旦决定了目标，接下来就是勇往直前、身体力行地去完成它。

被过多的物品耍得团团转的生活，不但不便利，而且会使你的生活变得更加糟糕，使你一点自由都没有。

如果将家里东西的数量，控制在自己能够管理的范围之内，那么所有的损失都会因此而消失。你对家里所有的物品都能够掌握，家里变成一个不令你心虚的所在，就能够度过积极进取的人生。想要成为理想的自己、想要度过心中所描绘的理想生活，只要将住家整理干净，那么就与你的理想相当接近了。

割舍目前所拥有的过多物品，解开令你不自由的脚镣吧！

所谓理想的生活，并不是因为拥有大量喜爱的物品而得到的。而是因为度过心灵富裕的时间与舒适的空间，并且与最爱的人进行心灵交流而获得。

如果将比物质更重要的事情刻印在心上，然后开始去整理住家，那就绝对不会彷徨犹豫，能够正确地选择对自己重要的事情来进行。

这就是课程一开始所进行的思考改革时间。

如果只整理部分区域，就会立刻“恢复原本的模样”

整理家里时，最重要的就是“一间房子要一鼓作气地全部整理就绪”。“面对庞大的物品，就快要感到灰心失望时，突然一鼓作气地将客厅整理干净，但是过不了多久，马上又恢复原本脏乱的模样……”其实物品是会流动的。会从这个房间，流动到另一个房间去。因此，“只整理厨房”“只整理衣柜”或是“只整理客厅”等，如果你只整理好“部分区域”，房间立刻又会恢复原本的模样。也就是说，这与减肥的道理相同，等待着你的就是不断地复胖。

如果家里有一间没有整理干净的储藏室，那么你的眼睛就会习惯于脏乱的空间，导致你的审美观衰退。在自己都没有注意到的时候，整理干净的房间里，物品就悄悄地流入，这时你才惊觉：什么时候又变得乱七八糟的？！

“所以如果想要将住家整理干净，就一定要一整套房子全部一起整理就绪。我就是想要传递能快速将住家整理好的方法给大家。因此，整理住家的顺序就变得相当重要。“东西太多不知道该从哪里着手，真是令人束手无策。”即使是有这样想法的人，我接下来要介绍的方法，也可以令你毫不犹豫地立即去实践。

只要多增加一个干净整齐的空间，你自然就会注意到脏乱的地方。是的，人类会习惯于脏乱的模样，当然也会习惯于干净的空间。

我在课程中经常会告诉大家“绝对不可勉强”。如果想要一口气整理干净，一定会感到相当疲累，而且也不可能长期持续下去。再说能够花一整天时间来整理住家的人也不多。之前来上课的毕业生，其中有90%都是全职工作、还必须养育小孩的职业主妇。

但是每一个住家绝对都能够整理干净！请将本书拿在手上，不要放弃、勇往直前，让我们来将一整间房子全部都整理就绪吧！

整理就绪之后，就能够拥有许多属于自己的时间

将房子都整理就绪之后，你的生活方式也会有所改变！

整理住家的课程是需要体力的工作。经常有人会问我：“每天的家事，再加上教课，你不觉得疲累吗？”当然，以我的年龄来说，也会感到相当疲累喔（笑）！

但是，关于时间的分配及家事的安排，在不断累积整理收纳的经验之中，会因磨炼而变得越来越擅长。即使突然发生一些无法预测的事情，也不会过于惊慌，能够应对自如。

从前的我，不论是工作还是家事，都毫无计划。如果延长了工作时间，家事也就被延后处理，弄得自己疲惫不堪，第二天早上连闹钟响了都听不到。当时儿子遭遇事故，就是在这样忙碌慌乱的情况之下发生的。

而在整理课程方面，以前不管车程时间有多长，我都会接下工作。一旦课程时间延迟，回家时间就会变晚，只能买些超市的现成菜色或是叫外卖，造成家人健康的负担，到最后真的搞不清

楚自己到底为何要如此努力工作。家人聚在一起吃饭的时间，应该才是人生中最重要的事情……

而现在，我只会接下车程时间在一个半小时之内的整理课，晚上6点之前一定要来得及站在家里的厨房中，我现在已经学会要好好地计算时间来完成工作。

只有整理好住家，家人都能够安安稳稳地生活，才能够花费多余的时间来努力工作。想要以工作为中心、尽情享受工作的乐趣，就要先将住家安顿好才行。

而关于整理房间，从前的我总是将家人乱放的物品物归原处，之后他们再乱丢，我又拼命地物归原处……不断地重复做这样的事情。但是，房间还是一下子又弄乱了。

“整理”⟶“散乱”⟶“整理”⟶“散乱”，就陷入这样的恶性循环之中。

我当时以为无法整理好是由于“收纳得不好”的缘故，所以只会去思考如何善用壁橱或衣柜的使用方式，还参考家具目录购买了隙缝空间的收纳家具，结果还是失败。其实真正重要的事情，并不是创造出收纳多余物品的空间，而是下定决心丢弃那些多余的物品。

而现在每天晚上就寝之前，只要进行我所谓的“重置归零工作”——“15分钟整理法”，房间脏乱的状况就永远与你无缘了！

如此一来，即使突然有客人到来，你也无须慌张焦急。而厨房也永远整理就绪，做起菜来也更加快速。

只要见到灰尘，就可以用放在围裙口袋里的抹布立即擦拭，而在打扫方面，一周只需要用吸尘器打扫1～2次即可，甚至不需要进行所谓的大扫除。

早晨能够在整理干净的房间里醒来，减少了非做不可的家事，心情也轻松许多。而晚上只要将厨房及客厅快速地重置归零，将厨房水槽的水滴擦拭干净，让水槽保持亮晶晶的状态，然后感受着“明天也是美好的一天”，就能够舒适安稳地入睡。

不论何时有谁要来，都能够大方地让客人进来家里，打扫工作及做菜方面也变得方便顺畅，并能够在客厅里悠闲舒服地度过。而这样的空间就能够让你产生“好的！来做点什么吧！”的想法，使你充满能量！

虽然我现在的生活比以前还忙碌，但由于拥有这样的空间环境，用餐时间能够与家人愉快地闲聊，也能够与女儿一起站在厨房做菜，这些时间都是最珍贵的回忆。

每天我都有多余的时间可以写写博客、看看书、悠闲地喝茶、听听我最爱的福山雅治的广播节目，这些全部都是打扫、做菜及整理住家时间减少的缘故。

原本就对整理住家很不擅长的我，现在竟能维持如此干净舒适的空间，真是不可思议！

只要改变整理住家的方式，不论是生活还是做家事都变得如此舒服顺畅。在平日忙碌的生活中，能够与家人愉快度过的时间就是我的宝物。而且由于身心放松，工作及忙碌的生活也会变成我的宝物。

各位，你想不想将一整间房子都整理就绪，然后得到理想的生活呢？

从整理住家，得到心中所描绘的理想生活

最后，在此公开4位学员寄给我的邮件，再继续进入下一章节。

这几位学员都已经将一整间房子整理就绪，并且已经得到整理就绪后的理想生活。为何想要整理住家？要克服怎么样的困难才能够到达目的地？如何整理心情来完成目标——如果大家能一边思考这些问题一边阅读，我会感到十分欣慰。我相信这些意见，一定能够成为各位进行思考改革的参考。

第1封邮件

今天也将家里打扫干净了！以前，打扫总是会花费我相当多的时间。因为在开吸尘器打扫之前，光是捡完地板上的杂物就要花不少时间，当我用吸尘器打扫时，已经感到相当疲累……但是，现在我不需要再收拾地板上的杂物，马上就可以用吸尘器打扫。所以，假日早晨的扫除时间缩短了，不会因打扫而感到疲累，也能够按照预定度过充实的一天。

原来住家变得整齐干净，在精神及身体上都会产生相当大的转变，令我惊讶不已，我也感到非常开心。

一开始因为老师所提倡的“思想改革”。令心中所描绘的理想住家浮现在脑海，让我更加强烈地想要将住家整理就绪。同时，随着整理住家的步骤前进，自己所想象的美好住家已成为现实，展现在我眼前。

这次我丢掉了许多衣物，在这些衣服里面，有一件大衣是我去年才买的，可能连一次都没穿过！若是以前的我，一定会有“太浪费了”，或是“拿去卖掉”，或是“这件大衣我舍不得丢掉”等想法，但这次因为我确信只要整理好这些衣服，就能够将心中所描绘的理想住家，从想象的世界变为现实，而使我充满力量地舍弃了许多不需要的物品。

将衣服拿去转卖的过程很漫长，只要一想到在卖掉之前，那些衣物还会一直留在家里，就等于无法干净整齐，就像赛跑一样明明看到终点却始终无法抵达终点，令我十分难过。于是我燃起“今天就想要立刻抵达终点！”这个想法，这个想法战胜了一切。

我之所以会这么做，都要归功于一开始听到老师所提出的“思想改革”，让我脑中浮现了“如果想要使家里变得干净整齐，就应该要这么做”的想法。

第2封邮件

京子老师，真心感谢您教导的3日整理收纳课程。以前我对于无法整理好家里这件事感到非常焦虑，老是拿孩子来出气，而且老公每次出差回来，都会对我说："回到家的感觉真好！有家人陪伴的感觉真好！"（其实，家里根本没有整理干净……）我总是带着愧疚的心情，觉得自己对家人的付出还不够多。我想要将家变成能够令家人轻松舒适的所在，想要将家变得更舒服清爽。所以，我鼓起勇气写了封电邮给老师。

听了老师所谓的"思想改革"，让我再度确认了对于现在的我而言，什么事情才是最重要的，以及我想要过的理想生活。当我将之前难以舍弃的大量衣服丢掉时，一直以来压在我心上的重担，突然整个卸了下来。

第一天我整理好孩子们的房间时，大女儿开心奔跑的模样，令我终生难忘。

儿子也大声喊着："太棒了！""这个房间简直是天堂！"现在我会在孩子们的房间里悠闲地与他们两人玩耍，也会好好地收拾干净。而早晨孩子们要去上学时，他们也会自动自发地准备好出门。儿子也记得周末要一起打扫家里的约定！

我告诉他们将来要买一张床放在这里，到时候就可以一起挑选喜欢的床单！孩子们会很兴奋地想着："要买什么颜色好呢？"如果没有听从京子老师的意见整理家里，我根本没有注意到，尊重孩子们的喜好与意愿，是多么重要的一件事。或许女儿的睡衣到现在都还是恐龙与昆虫图案……

而我去世的母亲，是一位注重家庭的人，虽然家里人很多，但母亲永远都能让家里维持整齐清洁，做好吃的饭菜给我们吃，早上出门时会活力充沛地对我们说："慢走！"而回家的时候会对我们说："欢迎回来！"这次的体验，让我更加想要成为像母亲一样爱护家庭的主妇。整理好家里，珍惜每一位家人，希望家人永远健康平安。将来要与长大的儿子及女儿一起出门，然后有一天也要照顾孙子长大成人。虽然这是最平凡的生活，却是我一生的梦想。（有一天我还是会出去工作！）由于这次整理家的经验，让我感受到接下来的人生将更有乐趣。而这所有的一切，都是自己的心境来决定的！如果能够过着清爽舒适的生活，那么就永远都能感受到幸福的感觉！

第3封邮件

我的女儿（10岁）一直都执着于"不丢掉物品的整理方式"，但她弱小心灵的纠结也一点一滴地被解开，我相信这么做，以后最轻松的是她本人。

完全不知道状况的阿嬷，昨天又买了一些东西给她，还有朋友送给她的礼物，每天都有不同的诱惑，而她自己会去判断“这个东西有地方可以收藏，没问题”，或是“如果物品继续增加，就要丢掉一些东西了”。她终于学会下定这样的决心！

另外，很明显地看出她对于各种事物变得更加积极。“想要帮忙做家事”（她似乎是想要多赚一点零用钱），虽然现在没有发零用钱给她，但她每天都会到厨房来帮忙洗碗筷，自己去寻找她能做到的事情。

不知道她的头脑是否因此变得更加清晰，点子不断地冒出来，会向我提出许多崭新的意见，也学会去分配时间，竟然还懂得缅怀祖先，询问我许多相关问题，从起床到就寝之前，她都显得非常开心。

看着孩子心情愉快地生活，我的心灵也因此被疗愈，全家人的生活也发生了极大的美妙变化。

第4封邮件

我之前对于物品过度留恋而难以舍弃，在与京子老师讨教、沟通的时间里，我的思想被彻底改革，当然其中也经历了痛苦的时期。其实自己买的东西反而比较容易简单地丢掉，但是我无法割舍别人赠送的礼物，心中非常纠结……

不过老师干脆爽快的建议在我的背后推了一把，丢东西时，心中总想着“感谢您一路的陪伴”“再见”，我才能够将物品割舍！以满怀的心意与它们道别之后，在我的身上发生了许多变化，尤其改变最大的就是我的心。因为一直以来我都没有好好地珍惜家人及物品，对老公、公婆与孩子们感到万分抱歉，心里非常痛苦，对自己一点自信也没有……

虽然我拜读过许多整理收纳书籍，也试着去收拾家里，但最后都会恢复原本的状态。我也曾经因为不知所措而难过掉泪。

但是遇见老师之后，从思想改革开始做起，严格筛选住家的物品，当我丢弃了许多东西之后，心里的结逐渐被解开，心情也变得相当轻松。

而孩子们也开始学着自己打扫房间、自己做料理，就连成绩也进步了不少！孩子的爸爸开心得不得了！而婆婆也真心为我高兴，当我下定决心做某些事情时，她总是在旁默默地守候着我，替我加油，也是最支持我的人。

而公公虽然没有多说什么，但他曾说过自己的三个女儿嫁到别人家去，希望能像媳妇这样不要给他丢脸。他的话令我相当感动，令我更加下定决心要好好地整理家里。现在，家里充满了清新舒畅的空气。连说话也会产生回音呢（笑）!

第2章

开始进行“3日奇迹整理术”之前的10大重点!

1. 在开始整理前，千万不要先买收纳箱

那么，开始动手整理住家吧！大家是否曾有这样的经验呢？在你一股脑地展开住家整理之前，就想先急着去平价商店购买收纳盒，或者上购物网站搜寻收纳小物。

而我在上整理课时，最常见到的情形是，大家会将收纳篮及收纳箱毫无间隙地放好、排列整齐。但是，这些收纳箱中的物品全都满满地，就像炸开来一样！当然我非常能够理解想要购买这些收纳盒的心情……尤其在杂志及收纳博客之中，见到美丽收纳盒的图片，以及“备齐收纳盒让家里焕然一新！”等文案，一定会令你相当心动。但实际进行整理课后，最后一天整理出来的，最大量且无用的物品，就是这些多余的收纳盒。

当我们严格筛选过家中的物品之后，就要沿着生活动线，来决定每一项物品的摆放地点。这时，在尚未确定要保留哪些物品之前所购入的收纳盒，大部分都无法使用。

尤其，如果遇到这样的状况：“柜子里多出来的这些空间，可以放相机吧……不会吧？这个收纳盒根本装不下相机！”真是

令人遗憾。

依据收纳物品的不同，所需要的收纳盒也有所不同。而最重要的事情是，收纳的物品必须要容易找到、方便拿出来、简单整理。正因如此，请勿在整理前购买收纳盒，而是要在整理好之后再购买收纳盒，这才是正确的选择。

即使是这样，收纳产品的诱惑还是令人难以抗拒，请大家千万要注意。在上课的过程之中，学生们开始自动自发地整理住家，几乎都会重复发生以下的沟通对话。

学员：“我还是想要购买收纳家具，现在还要继续忍耐吗？”

我说：“哈哈哈，现在还不能买。请问你现在想买什么样的收纳盒？”

学员：“因为衣柜太深，想要买一些方便使用的架子放在里面，还有放音响的柜子。”我说：“还是要先严格筛选需要保留的物品，因为最后的结果会减少很多东西，不需要用到大量的收纳盒。”整理住家时必须要使用收纳产品，这样的想法只是迷信。而且有了收纳产品，将来使用起来也比较方便，这也是一种迷信。在本书中，会教导你运用家里的纸袋与空箱来进行整理作业。首先要将所有物品分门别类放进纸袋与空箱中，而放置这些物品的“家”则要等到全部整理好之后才能决定。

这样的做法才能够实现便利的收纳方式。

而且运用家里的纸袋及空箱来整理物品，不需要额外花钱，相当经济实惠。

2.即使无法一口气整理就绪也没关系

本书我所写的是“用3天的时间，将一整间房子全部整理就绪的方法”。顾名思义，花费在整理住家的时间越短越好，这样才能够尽快达到你心目中理想的生活，并增加生活中有意义的时间。

但因工作及养育小孩而忙碌、无法抽出完整时间，而家人也无法帮助自己整理的主妇，可能会想：“一定要在3天之内全部整理完毕吗？”如果时间上有所勉强，并不需要拘泥于3天的时间。

例如，只利用周休假期，花3周整理也可以。说得更极端一点，即使一天只花5分钟时间来“整理一个抽屉”，这样的方式也能够进行“一间房子都整理就绪”的方法。

将抽屉里的物品全部拿出来挑选过后，再放回原处。或者是将化妆品等单一类别的物品，全部都拿出来逐一严格筛选。

今天只整理药箱，而明天若是时间多一点，就来整理鞋柜——将这些“小小的整齐空间”一个一个努力地整理出来，也能够令你感受到“干净整齐的空间真是舒服”。如果没有时间来严格筛选物品，那么就先将同一类别的东西整理在一块，放进纸袋与空箱里，只要在箱子上标明物品类别即可。

“文具组”“照片组”“电器组”“药品组”等，只要将物品大致分类好，就能够掌握物品的种类，当你下次要继续整理时，就可以立刻进行选择物品的作业。当你正在整理物品时，中途遇到吃饭时间，或是孩子来缠着你不肯离开，那就可以马上停下来，将物品全部丢进纸袋中即可。

当抽屉整理得干净整齐之后，你会陶醉地望着它，心中想着：“真舒服”“感觉真好”“真愉快”。下次再多找一点时间，一口气整理干净。

如果没有时间而勉强自己一定要快速整理好，那么你就会开始讨厌整理家里。与其如此，不如将整理家里当作消除压力的方式，先去整理一个抽屉就好。

到目前为止，我没有遇过一个无法整顿好的空间。虽然我的方法是“花3天将一间房子全部整理就绪”，但各位千万不要勉强，请以自己的步调来进行。再做整理收纳时，千万不要让自己讨厌这个工作，这才是最重要的事情。

3. 讨厌做家事的忙碌的人，更应该学会断舍离

想要成功地整理好住家，最重要的秘诀就在于——如何将充满家里的大量物品丢弃。

刚开始整理时，请不要考虑收纳的问题，而是一个接一个地把它们丢掉。只要减少了家中的物品，考虑生活动线时也会变得比较轻松。物品越少越容易掌握，想要摆放的场所却放不下，这样的烦恼也会跟着减少。

因此一开始进行时，就要尽量减少家中的物品！将东西减少至最低限度，轻松地来过生活。只要能够做到这件事，整理住家就有9成的机会都能成功！

但是话又说回来，在整理住家的作业之中，最艰难的也就是丢弃物品。虽然这件事情乍看之下非常简单，但试着去做做看会发觉很难完成。来上我的整理课程的学员们，大家对于“减少物品”这件事，不用多说都相当明白。而且他们也非常努力地去丢弃物品。话虽如此，却仍然无法达到目标。虽然已经丢弃了许多

物品，但家里还是无法干净清爽。

“为何会如此？怎么搞的？已经照着书上所说的方式去实行了……”几乎所有人都遇到了瓶颈，最后只好来参加我的课程。

其实关键就在于——每个人能够管理物品的数量，有其个人差异。

虽然已经丢掉许多物品，仍然无法创造出一个干净舒适的住家，原因就是你所拥有的物品，还是超过你所能管理的数量。即使你觉得自己已经丢得够多了，但仍然留下超出你能够管理的物品数量。

工作十分忙碌、平日总是被时间追着跑的人，与所谓的专业家庭主妇，能够将时间运用在做家事上、待在家里时间较长的人比较起来，所能管理的物品数量截然不同。

而即使同样身为家庭主妇，也会有所不同。做起任何事情都身体力行、效率极高的老手主妇，与不习惯做家事及育婴被搞得手忙脚乱而疲惫不堪的新手妈妈相比，所能管理的物品数量当然不同。

“娘家的物品比我现在的住家多很多，但我的母亲却能够整理得井然有序，过着整齐舒适的生活……”之所以会有这样的差别，就是这个缘故。

工作忙碌及不擅长做家事的人，请尽量减少物品的数量。因为工作忙碌的人，他们整理物品的时间当然较少。对你而言，最重要的事情并不是东西，而是与家人共度的时间，以及转眼就过去的育儿时光，接着是心情安稳的时间。以前被大量物品所掩埋的事情，会因为舍弃了这些物品而获得。

4.收纳空间必须确保3成宽裕空间

开始进行整理工作之后，抽屉及橱柜都会出现一些多余的空间。进行到这个步骤时，在课程之中，就会有学生这么问我:“这些地方要放进什么东西呢?”

但若是你无法立刻想到要放些什么东西，就不需要“一定要放些物品进去塞满。”我认为:“这些地方不需要放任何东西进去。请你这么想，这些空间都充满了宽裕的心灵与情感。”对于我的答案，学生们都显得茫然若失。

其实，在整理中所产生的这些空间，正是永远维持住家整齐美丽、消除压力的必要空间。

收纳场所仍有宽裕的空间，使用过的物品也比较容易物归原处。对于不擅长家事的人及忙碌的人而言，这就是最简单轻松的收纳法。

即使是将物品丢进这些收纳空间，也不会变得杂乱，整理起来也不需要大费周章。

如果橱柜里仍然保有多余的空间，就算突然出现体积较大的物品，也能够保有暂时放置的场所。若是突然有朋友拜托你“帮我保管一段时间”的物品出现，也能够毫无顾虑地接受。

准备好礼物要送人时，也有暂时放置的地方。

就像这样不需要决定放置场所、暂时借放的物品，也有可能突然出现，当这些流动性的物品出现时，只要家里的橱柜里还有一点空间，就不需要随便放在地板上，造成家里脏乱的情况。不论是任何物品，只要事先决定好固定的位置，那么，家里永远都能够保持得既清爽又整齐。

因此，在收纳物品时，请记得要保留3成的宽裕空间。不论是橱柜、厨房的置物柜还是客厅的抽屉，所有的收纳空间都一定要保留3成的宽裕空间。生活环境中保留着宽裕的空间，也将使你的心灵更加宽裕。

5. 生活必需品切记要实行“固定数量管理”

“要保留3成的空间，绝对办不到！”或许你会这么想，但事实并非如此。“家里面积太小”“收纳空间太少”，请你千万不要因此而放弃，也不需要丢掉你最喜爱的物品，只要稍微改变一下你的想法，就能够轻易办到。

相信大家都不希望放弃自己最喜爱的物品吧！我很喜欢各种餐具，所以家里拥有比一般人更多的餐具。招待客人用的盘子以及玻璃器皿，蒸蔬菜时可以直接上桌的蒸笼，喜爱的陶艺家制作的器皿……还有，占据空间的女儿节偶人，虽然一年只会使用一次，但我绝对不会丢掉。因为纤细美丽的偶人，传达出自古以来日本人珍惜物品的优良文化。每年不论我有多忙，如果在节日这天不将女儿节偶人拿出来摆设，我就无法安心地度过那一天。

这些物品对我而言，都是丰富生活、替平凡的生活增添色彩的重要物品。而整理住家就是为了能够便利地使用这些物品，更加享受人生。绝对不是以舍弃物品为目标，于是我为了最喜爱的物品，决定了物品的拥有规则。

例如：内衣与袜子、睡衣与手帕、毛巾与打扫用具等生活必需品，这些物品都以最低限度的所需数量来管理，采用“坏了再添购”的方式。预先决定数量来管理这些物品，这叫作“固定数量管理”。以我来说，基本数量是睡衣每人2件、内衣5件、袜子5双，而毛巾是家人每人数条。平时家人所使用的毛巾，我并没有准备换洗与储备用的数量。只要清洗过就直接使用同一条毛巾。如果已经使用到硬邦邦的状态，就买新的毛巾来替换，旧毛巾马上丢掉。如此一来，毛巾永远都是软绵绵的状态，家里也不会增加多余的物品需要放置。

而睡衣方面，我会一年更换两次，在春季与秋季时更换。频繁清洗的睡衣，即使拥有很多件，也只会变得皱巴巴的。如果这样，还不如购买便宜一点的睡衣，就能够永远都穿着状态良好的睡衣，心情也会开朗不少。

5双袜子若是变旧了，就买新的来更换。如果采用这样的方式，就不会再看到快要破洞的袜子，或是大量的袜子被锁在衣柜里毫无用处。如此一来，就不会产生放在那里不用的袜子，全部都用旧了之后再更换新的，也比较经济实惠。并且能够买到可爱的女生袜子，永远都能纳入流行的元素。而女生也会穿丝袜，所以棉袜3双、丝袜3双，这样的比例应该刚刚好。在这个部分，请大家以自己的使用方式来调整。

在手帕方面，每一个人5条应该就绰绰有余。如果使用毛巾布手帕，也不需要用熨斗熨。

这样一来，数量较少管理起来就相当轻松。每天的家事也不会造成你的压力。

6. 不要囤货，储备量只要1个就够了

关于洗发水、润发乳、洗衣液与调味料等物品的储备量，也是同样的道理。以我的想法来看，这些消耗品的储备量等于零！若是一定要有的话，最多只要1个就够了。与其放在家里占空间，不如先借放在超市里比较好。

再说像洗衣液这类的商品，会不断地推出各种功能的新商品，如果库存量太大，即使你中意的商品在市面上贩卖，你还要等好一阵子才能够购买。这样的做法真是太不值得了。

而且现今这个年代，只要在购物网站或是电视购物台上订购，最快当天就能够送达家里了。甚至有些物品在网络上购买，比在住家附近的超市购买还要便宜。只要能够灵活运用这些店家，即使不买备用品也绝对不会造成困扰。现在真是个万事便利的时代。

在家里储备了大量库存商品的人相当多。尤其是牙刷、牙膏、罐头、保鲜膜、铝箔纸、卫生纸……你是否也会这么做呢？

将这些立刻就能买到的物品放在家里，简直就是浪费空间！

如果考虑到住家面积单价与房租，来除以这些储备物品的空间，请计算看看你到底花了多少仓库费用?

“因为很便宜”就买下来囤货，结果却过了保质期，再考虑到住家房租之中付了多少仓库费用，这样的做法对于你的钱包与整理家里而言，都不是最上策。而且若是因为这些库存物品，而使理想生活逐渐远离你，做家事也变得相当碍手碍脚的话，根本就是得不偿失……

我建议，以固定数量管理与库存的概念，来将不喜欢的物品及不必要的物品处理掉，千万不要摆在家里。这就是能够摆放最喜爱的物品，与确保3成宽裕空间的秘诀。

7. 请拿出勇气，面对丢掉物品的罪恶感

当我们在丢弃物品时，应该都会有内疚的心情吧！“因为很贵”“这是限量贩卖的商品”“感觉以后还用得到，丢掉很浪费”“这可是别人真心赠送的礼物”……

如果总是这么思考的话，“反正还有地方可以放，那就先放在这里吧！”以及“总之先这样”的想法，会让你装作没看到就敷衍过去。如此一来，这些物品就会不断累积、硬塞在某个角落，最后你才发现家里又变成一个既狭窄又不舒适的空间。

以前我在当白领的时代，曾经被同事谣传：“难不成她是服装设计师的女儿，每天都穿得好漂亮？……”当时我几乎将所有薪水都拿去购买衣服与包包……衣服堆积如山，十年如一日从未更改。

即使我辞去工作开始专心育儿，这一大堆无法丢弃的衣服，仍然挤在我的衣柜角落，变得皱巴巴的。虽然衣柜里的衣服多到数不清，却依旧找不到自己想要穿的衣服。而且，一想到“现在有了家庭，更是无法自由地使用金钱，或许就不能再这样买衣服了……”于是对这些衣服就更放不了手。其实，我也曾经有过这

样的时期。

对于这样拥挤不方便的衣柜，我感到巨大的压力，于是下定决心好好地整理时，“如果这些衣服都换成现金，那么能够存多少钱呢？或许将这些钱都用来投资自己，多学一些技能一定更棒……”诸如此类的想法蜂拥而至，让我突然袭上一股罪恶感。

但是，一旦放手去丢弃物品，过了一段时间，你根本就忘记自己曾经丢过什么东西了。

因为比起丢掉东西的罪恶感，丢完之后的舒适感更胜一筹！

当我开始面对自己、好好地与物品道别时，就不会拖拖拉拉纠缠不清，这一点就像是恋爱时的心情一样（笑）。不被从前的羁绊所束缚，梦想着光辉灿烂的未来，快与那些物品一刀两断，说声再见吧！女性有时候也要有破釜沉舟的气魄才行！

如果像这样与物品道别，下次要买东西放在家里时，绝对能够毫无误差地，选择你会长期珍惜并感到舒适的用品。

当你学会如何去选择物品，若是面临人生的重大抉择时，你一定也能够做出正确的判断。为了要确定对自己而言，哪些是必要的事物、哪些是不必要的事物，你已经逐渐养成习惯，去整理自己的头脑与心灵。

一开始就是要丢弃物品！只要学会反省自己，下次不要再犯一样的错误即可。丢弃物品时的罪恶感，请你务必要好好感受一番！

8. 不要犹豫，“迅速执行”丢进垃圾桶同时解压

丢掉物品这件事，总是令人感到心情沉重，难以付诸行动。尤其从衣柜里翻出不再使用的名牌包包，一定会想：“啊！这个包包好贵啊！”就想要上网拍卖或是送人。因为丢弃名牌包会令人产生罪恶感，所以会尽量想一些方法来弥补。

但是上网拍卖，从将照片放上网、寄送到交易对象进行评价等，会有许多手续，耗费很多时间。

如果是不觉得麻烦的人，可以这么做；但若是感到麻烦，反而会增加你丢弃物品的困难和挣扎程度了！

同样是要将物品卖出去，像我一样怕麻烦的人，建议你将东西全部装在一个纸箱里，然后以邮寄方式，寄到二手店里寄卖。或者，虽然不能够赚零用钱，但是寄到公益团体，也是很好的点子。

不过最有效率的方法，就是将东西直接丢进垃圾桶里。“迅速执行”是要丢弃物品时最重要的铁则。其实最可惜的，并不是

丢弃掉的物品，而是住家被物品占据、无法创造出一个舒适干净的空间。

如果永远都将不必要的物品一直放在旁边，反而会造成空间极大的压力，所以，请优先选择迅速丢弃物品的方法。

当你在整理家里时，会挖掘出大量的物品，其中也会有“不知道该如何分类丢弃”的困扰。

例如：超过使用期限的瓦斯罐。虽然上面有标示“请使用完毕后再丢弃”，但是尚未使用、里面还留有瓦斯的罐子，应该如何丢弃呢？这时，请立即打电话给厂商或是环保团体询问，他们会告诉你正确的丢弃方式。

还有像是尚未使用完毕的指甲油、喷雾式杀虫剂……只要遇到你不知道该如何丢弃的物品，就要马上打电话确认。我为了能够随时打电话询问，上课时间都会把手机放在身边备用。

丢弃物品时就是要“迅速执行”。如果不开始动手的话，垃圾永远都会留在你的身边；只要你即刻开始整理，一瞬间家里就会变得干净清爽。

9. 别把客厅当成大杂烩，重新审视各个房间的功能

我相信大家应该都曾经有过这样的经验，会因为家里“空间太小没办法完成”，而放弃了具有功能性的收纳方式。

心里想着，只要搬到更大的房子里、买下梦想的住家，理想的生活就在不远处等着你，不过一旦搬家实现了梦想，就会发现，怎么搞的？情况竟然与想象中不同！

主要就是，每个房间应该具备各种不同功能，但这些功能却集中在同一个地方。最常见的就是，客厅变成了“大杂烩房间”。

案例1：“因为不希望孩子离开我的视线范围，所以在客厅里摆放了玩具。”

案例2：“要跑到2楼去换衣服或是收拾洗好的衣服很麻烦，所以就将衣服收纳在客厅里。”

案例3：“刚下班的老公经常会在客厅里换衣服，所以那个位置就固定成为放他的工作服与工作用具的地方。”

案例4："虽然孩子有自己的房间，但他却说想要在客厅里做功课，所以某个区域就变成读书用的地方了。"

案例5："我想要用做家事的空当时间来照顾婴儿，如果客厅里没有放婴儿服及尿布的地方，会非常不方便。"

如果变成以上这些情况，客厅里的收纳空间，根本无法容纳得了这么多物品。若是生活动线过度集中在同一个地方，就会超出那个房间所能收纳的物品数量。即使还有其他房间，也等于是虚设。

这时就要考虑优先级，重新评估每个房间的功能性。对你而言，客厅最重要的功能是什么？为了这些功能，优先选择必放的物品，而其他东西则归纳到别的房间去。

而收纳物品的重点就是，个人物品请放在各自的房间里来管理。若是需要放在公共空间，请不要将各自的物品混合在一起，要以"个人单位"来区分。

如果孩子有单独的房间，请将孩子的学习用具、玩具、衣服等物品移到他的房间里去。而放在客厅里的玩具，只限于亲子游戏时所需要的玩具即可。

爸爸与妈妈的衣服请放回寝室衣柜里。照顾婴儿需要使用到的器具，如果客厅连着和室的话，请收进和室的柜子里；如果没有和室，就在客厅里设立一个独立空间来收纳。

最近市面上有许多既可爱又便利的收纳用品，也有夹层是收纳空间的椅子，你可以购买小婴孩长大后仍然可以继续使用的家具。

如果这部分的空间可以省下来，就拿来当作辛苦的爸爸办公的地方，或是礼品的暂时放置场所，或是当作日常用品借放的地方也很适合。

如果生活动线不平衡，会使收纳空间混乱、无秩序。请重新评估每个房间的功能，不要让家里的某个房间空在那里，试着去分散生活动线吧！

10. 家人的物品，绝对不可擅自随便丢弃

“我先生完全不整理他自己的东西，该怎么办才好呢？”在整理课程与收纳谈话中，最多人询问的就是这个问题。

这其实也是我开始整理住家时，最头痛的问题。我老公是一个很念旧“舍不得丢弃物品的人”。他从小学一年级起每一学年的名牌，全部都保存下来。甚至连幼儿园时期最爱的假面骑士围巾都还留着，他比我拥有更多的“回忆收集品”！

与这种念旧不舍得丢物品的人同居在一个屋檐下，就要亮出“北风与太阳”的策略。你听过“北风与太阳”这个童话故事吗？故事的内容是北风与太阳竞争着，看谁能先脱去旅人的大衣。

北风先吹起大风，想要将旅人的大衣吹掉，但旅人却握紧大衣的衣领，将大衣裹得更紧。而另一边，温暖的阳光不断地照射在旅人的身上。将旅人的身体变得非常暖和，于是他就自己将大衣脱了下来……

面对这样的情况就是要用这个策略！即使平时很难请他帮你一起整理家务，但却在不经意的情况之下，让他自己主动帮忙，

就是用这样的方法。

以顺序来说，大前提就是，要先整理好你自己的东西。整理完之后，再来着手整理老公的物品。

但是，请不要擅自丢掉他的东西。就算你自作主张地丢了他的东西，只要他不改变自己的思想方式，就还是会继续增加其他的物品，这样反而令你焦躁不已，重复这样的恶性循环。

你们之间的关系也会变得更糟糕。

效果最好的就是，做到将老公抽屉里的东西整整齐齐地摆好，方便他使用。每天早上，他出门前穿衣服时必须使用到的抽屉很整洁，还有内衣、衣服、手帕等衣物叠得整齐美观，让他容易顺手取用，如此一来，当他感受到"干净整齐，令人心情真好""老婆很努力地替我收拾干净"，就会主动开始帮忙整理物品。

我有一位学员跟我报告了以下情况：

当我在整理客厅时，原本懒散地躺在和室里的老公，突然开始整理他的工作资料与旅行介绍小册。

我根本就没有开口叫他整理！虽然我心里很是感动，却装作若无其事，等他收拾完毕之后，称赞他："太棒了！变得好干净！"

所以，我学会与其叫他"整理东西"，不如自己先身体力行整理给他看。这是最近最令我开心的事情。

我们家也一样，以前我努力收拾后，我老公总是会说："反正有地方可以放，有什么关系！"现在他竟然会自己主动地告诉我："买了一双新鞋，那双旧鞋可以丢掉了。"或许这样的改变你仍旧不满意，但是除了自己的物品之外，关于其他家人的物品，最好的处理方式就是置之不理！

当他见到你努力整理家里的态度，就会逐渐地被你影响，进而一起收拾。

虽然，与家人一起生活，一定会有无法如你所愿的地方，即使是这样也没关系，只要准备好老公专用的抽屉与柜子空间，只要表面看起来不会乱七八糟的，就算是合格了！就这么决定吧！这个策略对难以应付的婆婆，也相当有效果！

令人怦然心动的
3日奇迹整理术

第3章

“3日奇迹整理术”大公开！

打造居家的幸福空间！

先从柜子及衣橱开始，才是高效整理术

在已经了解固定数量管理与库存管理之后，你的心中一定在描绘令你怦然心动的理想生活吧！

“原来整理的方法这么简单啊！好，那么我也要开始整理家里了！”相信一定有人开始盘算着，而且渴望早点将住家整理好，实现理想的生活。

那么，这时，你认为应该从家里的哪个地方开始收拾呢？是最容易被外人见到的客厅吗？还是那塞满锅碗瓢盆、令人在意的厨房？我想大部分的人，应该都会从这两个地方开始着手吧！

但是，如果想要将家里整理到位，比起一开始就从客厅及厨房着手，我认为更理想的顺序，是从橱柜及衣柜等“后仓”开始整理，这样会更有效率，且更得心应手！

所谓的“后仓”，原本是指在一间店里客人所看不见的地方，例如放置商品的仓库、进行运送货物的空间。若是餐厅，就是指客人从门口看不到的厨房。

以一个住家为例，除了橱柜、衣橱之外，还有仓库、储物

间、大间储藏室以及永久储藏品放置的地方等。能够放进大量物品，平时不会被别人看见的空间，也就是所谓“舞台的后台”，这些区域都被称为“后仓”。

为了顺利进行收纳工作，整理住家的区域“顺序”相当重要。首先必须要先进行整理的，就是所谓“后仓”区域。

我每次到学员家去上整理课时，会先观察整个家庭环境，然后告诉学员：“那么我们从柜子、衣橱开始整理吧！”大多数学员都感到相当意外：“什么？竟然不是我最在意的厨房……”而且脸上会出现失望的表情。

我当然很明白他们的心情：反正都要大肆整理了，当然想要先收拾好客厅及厨房，将它们变成理想的生活空间。

但是，千万不要操之过急。即使你有满腔的热情，想一股脑地开始整理客厅及厨房，最后的结果，也大多是无法整理就绪，反而使心情立刻沉入谷底。

回头想想，在橱柜的深处及上方，是不是有几乎都已经被你遗忘的物品，还塞在里面。

“这边的橱柜里放了什么东西？”“不就是过季的衣服、电风扇、棉被……大致上我都知道里面收了什么！”虽然有些学员会很肯定地回答我，他还记得。但实际上，将里面的东西全部拿出来分类之后，多半都会出现一些早已被遗忘的物品，令学员们都相当惊讶。

比方说，好几年前所买的家电用品的空箱。里面的产品早都被丢弃了，却不知为何还留有这个空箱在柜子上方。

最常见的还有尺寸已经太小、早就不能穿的童装，破旧不堪已不再使用的毛毯、棉被。

我还遇过，连孩子们都不可思议地歪头看着妈妈，问着："为什么还留着已经用完的笔记本及练习簿啊？"还有"想要拿来当作抹布使用的旧毛巾"也在里面，这些东西早已在你的记忆中消失。

最常见的就是："啊！我之前还一直在找这件运动服呢！"有时候连孩子的运动服也藏在里面，但是找到的时候孩子早就毕业了！

或者："对了，以前我曾经买过这些东西呢……"在橱柜里，塞满了许多令人怀念的纪念品。

当然，要丢掉这些早已被遗忘的东西非常容易。所以，我才说家里最能快速减少物品的场所，就是这些"后仓"区域。

将后仓区域空出来，就是通往“理想生活”的快捷方式

收起来之后就被遗忘的物品，当然能够快速地与它们“道别”。像这样，把不需要的物品分类出来，在不知不觉中，“后仓”区域几乎都能挪出很大的空间。

而这个整理出来的大空间，就是使整理房子顺畅利落的关键。例如，家人都会聚在一起的客厅，正是容易将其他物品带进去的区域，就算一开始将客厅整理干净，但却难将东西摆放在固定的位置，所以，一旦整理好之后，马上又会恢复原本杂乱的样子。

如果想要将客厅整理得干净整齐，最好的方式就是，尽可能不要将物品放置在客厅。

这就是为什么，我建议要先整理后仓区域，腾出较大的空间来收纳物品！

最理想的方式就是，在整理完毕之后，将你挑选出来需要的物品，放进橱柜收纳好，整齐地放进去。

很多人都误以为家里的收纳空间不够，所以，买了好几个彩

色、可爱的收纳盒放在地板上，其实根本不需要占用地板的面积，而且影响家人走路动线。因此，只要整理好橱柜及储藏室，就会出现很大的空间来放置物品。

每当我在上课时，整理好学员家的后仓区域，一看见那些被挪出来的超大空间，就会很兴奋地思考：“要把哪个房间的东西移到这里来呢？”就是这样，所以，整理住家的顺序，就是要从后仓区域开始！乍看之下好像在绕远路，其实是通往成功的最佳快捷方式！

开启你的“开窍时刻”，3天整理完房子很简单

在整理住家时，之所以会花费很多时间，最大的原因就是“这个东西还要留着吗？还是要丢掉？”这样的问题往往会让你犹豫不决，无法下定决心来减少物品。关于这一点，如果是整理后仓区域的物品，通常看一眼，就能够决定是否要立即丢掉，几乎不太会发生犹豫不决的情况。

我常说的“要习惯舍弃物品”或许会引起一些争议，但当你面对众多物品时，这是非常重要的，我们必须学会立刻分类出“需要保留”的东西和“必须丢弃”的物品。然而后仓区域，正是能够训练你去区分物品、提升收纳速度的场所。

我把这种练习称为“开窍时刻”，大多数能够快速判断“要保留或是丢弃”的人，都是在整理后仓区域时被训练出来的。

有些人会喊着：“如果老师不在现场，我一个人进行整理作业的话，根本就舍不得丢掉许多物品！”即使是这样的人，多半都会在整理后仓区域时，出现所谓的“开窍时刻”。一旦开窍，

几乎都不需要再借助我的力量了。

曾经来上过课程的K小姐，她的“开窍时刻”是在面对从储藏柜里满出来的、堆积如山的毛巾。“等到我拿出来当抹布使用的时候，早就过了好多年了！如果真的需要用到，到时候再买就好了！”这些塞爆橱柜，陪了她20年之久都舍不得丢掉的毛巾，她竟然在这一刻毫不犹豫地，全部都丢进垃圾袋里。

从此之后，她的整理工作进行得非常顺利，连本人都一直觉得是“难关”“这个区域可能会难以克服”的寝室衣柜——那个被衣服挤得满满的衣橱，连要拿衣服出来都困难重重——在她经过“开窍时刻”后当机立断，一下子就将衣柜整理得清爽整齐。

另外，还有学员T小姐，她的“开窍时刻”是在面对大量的手帕及毛巾时感受到的。

当她跟好多年都没有使用过的手帕及毛巾道别之后，她的整理速度开始突飞猛进，之前无法轻易丢弃的单脚袜子，也很干脆地处理掉了。少了1升垃圾袋的袜子之后，可想而知衣柜里空出了多大的空间来。

一旦学会这个技巧，整理作业就能够相当有效率地进行下去。所以，只要快点找到自己的“开窍时刻”，之后整理的速度就会完全不同。因此，我再次强调，后仓区域是绝佳的收纳训练场所。

以身作则，从改变家里环境开始，凝聚家人的向心力

在我的案例中，能够快速完成收纳工作的家庭，大多数都是先生陪着太太，两个人一起接受整理课的训练。在整理住家时，能够得到家人的协助，是最令人安心的情况。

即使是家人的物品，身为太太的我们，也不能够擅作主张地丢掉。每个人的物品，都必须经过自己严格筛选才行！

如果家人也经过思想改革的洗礼，对于整理物品更加深刻理解的话，就能够减少延后整理的区域。同时，能够立即整理的区域也会扩大。

但是整理住家，绝对是一件需要庞大劳动力的工作！如果能够全家一起来整理，很快就能够完成。

所以当你想要整理住家时，请对家人大声宣告："下周末，大家一起来整理家里吧！"身体力行地告诉他们，整理得干干净净的住家，有多么舒服！自己能够管理所拥有的物品，是多么令人开心的成就。以少量的物品，来度过心目中简单理想的生活，

是一件多么令人兴奋的事情。重点就是要对他们说：“整理好住家之后，生活将会彻底改变。”接下来，我们要进行的整理作业，并不是要教你如何将堆满家里的物品收纳到某个地方去，而是一种“彻底改变生活”的整理方式。将你的想法表达给家人，并刺激他们一起加入想要整理家里的意愿。

即便如此，并不是从一开始就要“绝对”得到家人的协助。只要家里慢慢地整理就绪，物品的流动更加顺畅，家人的心境也会自然而然地跟着产生变化。这时，再聚集全家人的力量，一起来整理住家，绝对不会太迟！

在这一刻来临之前，以自己的步调，毫无勉强地进行整理工作即可。如果能够创造出家里其中一处“令人心动”的空间，家人一定会称赞你：“妈妈，好棒呀！”也会使你更有动力去进行后续的工作。当你一手布置出显著的成果，而受到他人称赞时，就会使你有成就感、有冲劲，这一点与减肥的道理相同！

奇迹整理术必备3大神器，让你收纳不费力

在实践3日奇迹整理术之前，事先要准备好3种工具——纸袋、空箱与封箱胶带。

纸袋与空箱，只要拿家里现有的就好。大小尺寸不同也没关系，最好使用牢固一点的纸袋与空箱。购物时拿到的袋子与箱子、网购时寄来的纸箱等，请在整理家里之前，千万不要丢掉，全部都保留下来。

之所以会建议大家使用纸袋与空箱，是因为它们可以竖立起来放置，不会太占空间。但是如果家里找不到这些工具，也可以使用超市的塑料袋及包裹布。最重要的是，能够将所有物品都分类好，同种类的先堆在一起也无妨。

散落在家里各处的“文具”“化妆品”“数据文件”“衣服”“书籍”等，将同种类的物品集中在一起，再从其中挑出需要保留的东西，最后再放进纸袋、空箱或是空出来的收纳盒里！

如果身边没有纸袋及空箱，在开始进行“3日奇迹整理术”之前，请事先准备好。可以到超市及日常杂货店去一趟，常有回

收的瓦楞纸箱供人使用。

经过筛选，确定要保留下来的东西之后，接下来，要使用封箱胶带，将箱子里所放置的物品种类，写在封箱胶带上，并标示其中的品项名称。我自己最爱用容易撕、不论是贴上或撕下都相当方便的纸胶带；大家也可以直接将内容物写在箱子上，或是写在纸上再用胶带贴上去！

最近，市面上推出了多款的彩色时尚纸胶带，在整理物品时，也可以运用一下，来转换整理家务的心情。

标示完毕之后，就可以开始决定放置的场所——物品的地址，然后将纸袋及空箱直接放在那个空间“占位置”。或许，之后还会想到更适合的地方，所以先“暂时放置”。如果决定不需要再移动它，那么“暂时放置”就会变成“真正放置”的地方了。

我的整理收纳方法——首先，收拾好地板上放置的杂物，以及整理没有归位的物品，然后决定好所有东西的“地址”，来完成收纳作业。

如果家里没有任何乱放的物品，那么，房子里就不再“杂乱无章”，瞬间变得清爽舒适。

但是，一定要谨慎选择自己喜欢的摆饰品，放在视线明显、容易被看见的地方或是柜子上。

或是将喜欢的画作裱上珍藏的画框，抑或变换各种不同的抱枕套，请挑出几件可爱的物品、美丽的摆设来装饰温暖居家环境吧！

家务整顿好之后，就能够尽情享受这些乐趣。但这是在全部收拾完毕之后，才能够享受到的乐趣。家里整理归位之后，许多事物都会看起来闪耀动人。

“我们家竟然有这么大！”“做起家事来更方便了！”你能够体会到许多意想不到的、新的感动。

那么，从现在开始，让我们正式进入“3日奇迹整理术”吧！

第1天 先整理“后仓区域”

首先要清空 后仓区域（柜子·衣橱）

一开始什么都不要想，先把柜子与衣橱里的东西，全部拿出来就对了！

为客人准备的铺垫棉被、换季用品、衣服、包包、书等，请全部拿出来。当然鞋盒及收纳盒，也要整个都拿出来。

或许，你会因此连站的地方都没有了，但请将拿出来的东西，全部集中在一起。从柜子上方拿较重的物品时，要注意安全。

在整理过程中，如果发现“啊！竟然还留着这个东西！根本都用不到了”这样的物品，请准备另一个放垃圾的地方，将用不到的物品全部放到那里去。

现在，你的橱柜清空了吗？清空的话，请用抹布将灰尘擦拭干净。

铺垫棉被① 只需要留下家人使用的数量即可

将橱柜清空后，把拿出来的东西逐一进行“严格筛选”。这时，诀窍要从体积较大的物品开始进行；而较小的物品，放到后面再来筛选。当较大的物品逐一消失，那么，就能够腾出很大的空间，你就能马上体会到整理物品的成就感。所以在整理橱柜时，请先从棉被开始进行吧！

先看看全家成员的棉被，最后应该会出现多余的棉被吧？如果有多的棉被，请立刻与它道别。

即使一直留在家里，也没有人会用到。这些乏人问津的棉被，会被遗忘在衣柜里占据空间。若是如此，应该将这些空间全部都腾出来，放置一些更需要的物品；如此一来，不论是收纳空间或是物品，都能够物尽其用。

同样的道理，已经不再使用的坐垫与抱枕，也要全部都撤走。如果平时几乎不会有客人来住宿，那么准备给客人用的棉被也不需要留着。只需要保留家人的棉被数量即可。

“但如果突然有客人要来住宿的话，怎么办？”请不要担心，现在日本连棉被都能够租到，如果有客人要前来住宿时，只要去租借即可。

租借来的棉被好看又干净，也不需要大费周章，就能够让客人住得更加舒适！

床单　不需要准备换洗用的备用床单

请确认棉被套及床单的备用数量。有些家里准备了大量的备用床单，即使每天更换也用不完。保留了这么多的床单，大部分却都没有机会使用到。

以我本身而言，我认为并不需要准备换洗用的备用床单。清洗床单、被套时，当天清洗当天烘干，再直接铺上去使用，这是最简单也不费精神的方法！如果床单、被套变得皱巴巴，就购买新的床单来替换，并立即与旧床单道别。

如果你觉得家里“收纳空间不够多”，那么，就下定决心，不要再准备多余的换洗及备用的寝具吧！

“用旧了再买新的来替换”，这样的方式，绝对不会造成你的困扰！

寝具 拥有少数的种类及数量即可

其实，我家里所拥有的寝具种类非常少！

非常惭愧的是，在我开始从事整理住家的工作之前，我根本不知道原来棉被也有许多种类。见到各位学员家里的棉被，才发现“原来这个世界上，很多人家里都有所谓的春秋季棉被”，令我大开眼界。

所谓的“春秋季棉被”，就是比冬季所使用的棉被薄一点，又比夏季所使用的棉被厚一点，是厚度介于两者之间的棉被。

我原本以为，一定是娘家从没用过这种春秋季棉被，所以我才会不知道有这种棉被的存在，后来才晓得父母也会使用这种棉被，只是我自己没有发觉而已。也可能是因为我的无知造成我的幸运？我们家的寝具种类相当简单。

那么，就来稍微列举一下，我们家的寝具有哪些种类——

如果天气变冷的话，就把毛毯拿出来，铺上一条毛巾。因为我家是睡床垫，所以不需要铺棉被。

一整年，我家都使用相同的羽绒被与保洁床垫。会因季节而更换的，只有床上所铺的床单，以及决定何时要将毛毯拿出来使用。

天气寒冷时，羽绒被具有保暖的功能；天气暖和时，有散热的效果，除非是相当炎热的盛夏季节，较不适用。否则只要拥有一张羽绒被，一整年都能够舒适地度过。如果采用这种方式，因季节不同而更换的寝具就较少了，也不会占据家里太多的空间。

● 先整理体积较大的棉被类物品。如果无法决定放置的位置，请先将柜子上层的物品拿下来，暂时放在里面

一年之中会使用到各种棉被的你，请认真思考看看，这些寝具是否真的需要。如果减少某些寝具，也不会让你感到困扰，建议你像我一样，以最简单的方式来使用寝具。

铺垫棉被② 放置在各自的寝室来管理

整理完寝具之后，请将它们暂时放在衣柜里。

接下来，必须要思考的问题是，每位家人的棉被要收藏在哪里？如果考虑方便使用，最后的结果，是将各自的棉被，放在各自的房间最佳；也就是说，夫妻所使用的棉被就放在夫妻的房间里，小孩所使用的棉被就放在小孩的房间里。

这时，就要将每个房间的柜子，或是衣橱上方的物品清空，暂时将棉被放在里面。

大多数有小孩的家庭，管理棉被是母亲的责任。洗涤床单及被套，天气晴朗时，将棉被拿出来晒太阳，这些事情多半都是家里的母亲来完成。

但是，“天气变冷了，差不多该将毛毯拿出来了……”或是“有点热了，今天开始换成夏天的棉被吧”，关于这些事情，孩子到了小学4~5年级的年纪，应该自己就能够做出正确的判断。

如果家里有独立的小孩房，将棉被收纳在各自的房间里，那么，棉被换季的工作，孩子们就可以自己完成。或许，刚开始孩子一个人无法办到，只要母亲从旁协助，慢慢地就能学会如何完成。

私人物品 不要放在客厅，请放回各自的房间

不只是棉被，如果将各自的物品归回各自的房间里，那么客

厅及所有的房间都会变得更加容易整理，而妈妈管理整个家也会变得轻松无比。

而后仓区域混杂着各式各样的东西，会挖出许多私人物品。请将这些东西分类放进纸袋里，并标示分类名称，例如“爸爸·书籍”“儿子·夏季衣物”等等，然后搬到各自的房间里放好。

与孩子一起挑选玩具、绘本，选出想要保存下来的物品，然后暂时归回孩子房里。如此一来，也能够培养出孩子自主管理私有物品的习惯。

关于爸爸与妈妈的兴趣物品，如果有各自的房间就分别收纳进去，但大多数父母都是共用一个房间。这时请将柜子分成几个区域来收纳。先不要思考收纳的方式，总之先暂时放进去即可。真正要好好地收纳起来，是在暂时放置一段时间之后。现在，先试着以这种方式来过生活，如果觉得“这就是最好的配置方式”，就可以安心地将物品摆放进去。

而放在柜子里的书籍，大概都是一些永久保存却不会去看的书籍。请将真正珍贵的书籍放进书柜里，其他书籍全部都丢了吧。在睡前有阅读习惯的人，建议你将书籍收纳在寝室里。不过寝室的灰尘通常都是造成过敏的原因，所以请先决定好固定的数量来管理。

最重要的是，弄清楚混杂在一起的各类物品，严格筛选出你所需要的物品来。或许，你会被庞大的数量吓到，但是一个人每天会使用到的物品相当有限，大多数东西，你连碰也不会碰一下。只要这么想，你就会知道，其实有许多物品都可以丢掉了！

换季用品 放置在较不易拿取的地方即可

收纳物品时，最重要的事情就是——所有物品都要决定好固定的位置。连一支笔、一块抹布都不要随意放在外面，全部要决定好它们的放置位置。

这时要注意的重点就是，在收纳柜的“黄金区域”中，要放哪些东西。

所谓的黄金区域，就是指在收纳柜之中，最容易把东西拿出来、最容易把东西放进去的地方。不需要特别踮脚或是弯下身体去拿，伸手即可触及的地方。

如果在这样的地方，放置女儿节人偶、圣诞树、季节性家电器、露营用品、DIY手工艺品、充满回忆的物品、舍不得丢掉的礼物，或是准备给客人用的铺被等等，那么重要的黄金区域，就会被这些杂物堵住而难以灵活运用了！

以上，都是一些很少会使用到的物品，所以，只要收藏在较不易拿取的地方即可。将不再使用的物品全都丢掉，而必要的物品，请暂时放在黄金区域以外的地方。

在黄金区域，必须要放的是会频繁拿取、利用率较高的物品。而放置的方式也请注意，要方便拿取与放入。如此一来，家中物品的流动方式，就会变得相当顺畅。如果能够迅速拿出、迅速放回，短时间内就能够将家里恢复原本整齐的状态。

回忆物品 做成电子图文件来保管

孩子们的作品或是婴儿时期的第一双鞋，几十年前收到的手工编织毛衣等，如果将这些回忆物品全部都收藏在家里，那么家里不久就会堆满各种东西。

“这些非常珍贵的回忆，我想要保存下来，但是很占空间，令我相当烦恼。”如果是这样，我都是以电子图文件的方式来保存。

只要用手机拍下来，运用“nohana”“Photoback”等手机图片编辑软件，随时都能够做出一本完美的写真集。而且使用“nohana”软件来制作相簿，每个月的第一本相簿都不需要费用（运费另外计算），第二本才开始需要付费。

即使没有原本的物品，只要将它拍下来，整理出一本很有品位的小写真集放在身边，随时都可以拿出来观赏，也很令人开心。我曾经将女儿的便当纪录照片做成一本小小的相簿，而相簿的名称就是“妈妈的爱心便当”（笑）。不擅长早起的我，为了女儿拼命做的爱心便当，也能够做成相簿保存下来。若是把当时的感言一起记录下来，就诞生了许多回忆的“小故事”，与家人一起观看时，话题会源源不断，非常开心。

好朋友送给你的手工艺品或礼物，如果找不到地方放，就带着感谢的心意把它拍摄下来。即使舍弃了原本的物品，只要以这个形式记录下来，就能够经常拿出来回味一番。

其实，人的心灵空间最为宽广，能够放得下许多美丽的回忆，也可以随时拿出来回味。

但若是觉得放在心里过于含糊，你可以运用软件来储存回忆。

空箱 只保留电风扇与携带式瓦斯炉的空箱

占据橱柜空间的物品，还有哪些东西呢?

虽然答案因人而异，但一般较多的是家电用品的空箱。如果，还保留着桌用型电脑的空箱，将会占据家里大量的空间。

其实关于家电用品的空箱，只需要保留电风扇与携带式瓦斯炉的空箱就好。其他所有箱子都可以丢掉。这是因为，即使你保留着其他空箱，也不可能再使用到。

电风扇类的用品，只要有箱子，就可以将所有部位拆开装进箱子里，还原成刚购买时的形态。而且保存在箱子里，下次要拿出来使用时，也不会累积灰尘。电风扇工作了一整个夏天，累积了大量灰尘，在拆除的过程中也能够将它擦洗干净，真是一石二鸟的好方法。

而携带式瓦斯炉，只要有箱子能够存放，就可以直放、横放，收纳起来非常便利。

这两项家电用品，为了要方便收藏，只要有个箱子就超级便利。不过，除此之外的家电用品空箱，请全部丢掉。就算你保留下来，应该也从未使用过吧？

顺带一提，最近也有一些家电厂商，为了要让消费者方便收藏电风扇，开始注重外观的设计。听到这个消息时，我很想支持他们，但是我觉得要将电风扇的每个部位拆下来非常麻烦，所以现在我已经改用立式电风扇了。

细长的造型完全不占空间，可以直接收藏起来，对我而言相当便利。像电风扇这种季节性的家电用品，请事先考虑收藏方式再来购买，这也是一个很重要的整理技巧。

毛巾·袜子·内衣　严格筛选之后“以固定数量来管理”

不论是哪个家庭，大家拥有最多的，就是毛巾的库存数量。平时所使用的毛巾已经放在洗脸台旁，但仍旧会见到大家的储藏柜里，塞满了大量的新毛巾和已用过的旧毛巾。

毛巾的数量只需要家里的人数+2条就够了！如果拥有超出这个数量的毛巾，要不就是不会用到，要不就是增加了清洗衣物的劳力，一点好处都没有。“减少清洗衣物的数量”，不论是从“简单完成清洗工作”的角度来看，还是从“缩小收纳空间”的角度来看，都是相当重要的一件事。

洗完澡后所使用的毛巾，不一定都要用大浴巾。洗脸的小毛巾或是运动毛巾，都能够将身体擦拭干净。只要具有你所需要的功能，换成这种小型毛巾，也不会产生任何问题。如果住家的晒衣空间不足，或是没有多余的收纳物品的地方，更应该要考虑要这么做。

而关于内衣裤及袜子等生活必需品，为了要维持最低限度的数量以便于管理，请从现在所拥有的内衣裤、袜子来挑选吧！穿旧的内衣裤与袜子、你不喜欢的设计款式等，请带着“感谢的心情”，将它们全部丢进垃圾袋里。

真正的时尚，要从看不见的地方开始做起！为了每天都能穿着干净清爽的内衣裤与袜子，建议你从“固定数量管理”开始做起。

如果买了新品来更换，千万不要忘记将用旧的衣物丢掉。

固定数量管理的基准

浴巾、洗脸的毛巾——家里的人数+2条

内衣裤——5件

棉袜——3～5双

丝袜——3～5双

睡衣——2件

手帕——5条

毛巾・衬衣 请收纳在方便使用的地方

如果浴室有足够的空间，那么毛巾、内衣裤、睡衣等，洗完澡后马上要穿的衣物，你可以放在浴室里。

我们家的毛巾都是放在洗衣房里。因为我所使用的是圆筒型洗衣烘干机，“洗涤—烘干—收藏—使用”，全部工作都可以在洗衣房里一次完成。从我开始使用洗衣烘干机，洗衣服就变得非常轻松。虽然价格昂贵，但是想要减少洗衣步骤的人，可以考虑购买一台洗衣烘干机来使用。

可能有些人会认为，内衣裤放在浴室里不太好，但对于懒惰的我而言，在洗澡之前要特地跑到房间，去拿换洗衣裤非常麻烦……

而且在清洗烘干之后，能够直接收拾内衣与毛巾，这一点也相当方便。考虑所有动线之后，我还是觉得没有一个地方，比洗衣房更适合放内衣裤了。如果你对于放置内衣裤在盥洗的空间里没有太大的意见，这个方式请你一定要参考看看。

内衣裤与睡衣一定要分清楚它们的主人，将置物架分开使用。不过我们家里只有女生的睡衣放在这里，因为洗衣房空间不足，无法再放入男生的睡衣，只好请儿子与老公忍耐，只能将内衣裤放在这里。但是这样的做法对儿子和老公而言，似乎也没有造成太大的困扰。

只要以固定数量来管理，减少毛巾及衣物的件数，即使像我们家这样只有两个榻榻米大小的洗衣房，也能够放置一家四口的毛巾与内衣裤了。

如果决定好要放在哪里，就将毛巾放进纸袋、空箱或是收纳盒里，用纸胶带写上内容标示清楚。在放进决定好的位置之前，暂时先放进橱柜里。只要完成这个步骤，接下来只要等位置决定好之后，再来选择收纳架也不迟。

铺垫棉被③ 不再使用的棉被，请放进棉被袋里来节省空间

大容量、较深的橱柜，如果以收纳的物品来分区放置，使用起来就相当便利。

可依棉被区、衣服区、工作用具区、玩具区等物品的类别来规划，或是依爸爸区、妈妈区等个人的类别来分区。

举例来说，如果想在橱柜的下层分出放置工作用具的区域，但也想将吸尘器一起放进去，就必须划分出完整的两个区域。若是在吸尘器旁边，不设任何界线，直接将公文包放进去，就会造成物品混乱。请在放置工作用具的区域里，准备好抽屉或置物架，来与吸尘器放置区做区隔，如此就能够轻松便利地拿取物品了。

另外，在棉被放置区域里，如果将换季的衣物装进压缩袋里

一起收纳的话，也会造成物品混乱。所以，要分门别类地放好，棉被区放棉被、衣服区放衣服，如此一来，就能够掌握所有物品并妥善管理。

这时，先确定放置大体积物品的区域，也是相当重要的事情。例如：橱柜的收纳空间，与其分成各种不同的小区域，不如分成较大的区域比较好。若不这么做，大型物品就难以放进去。

另外，像小孩不会马上穿到的童装，请以尺寸来做分类，分别装进小型的拉链袋里，再放进收纳盒里。事先做好方便拿出来的机制，需要用到时就相当便利。

而棉被不要放进压缩袋里，而是将整套棉被放进布制的棉被袋里比较容易使用，也不会太占空间。

压缩好的压缩袋形状容易变形，也比较容易滑动，在重叠物品时使用起来很不方便。使用时，会不小心从棉被区掉出来，结果就会占用更大的空间。

而棉被袋使用起来就很便利。能够配合置物架的大小来放置，这就是棉被袋的优点，而且也能够放在柜子的上层里。

即使是使用压缩袋来收纳棉被，最大的重点就是“尽量缩小面积”。而正在使用的当季棉被，不需要放进棉被袋里，直接叠起来收纳即可。因为这是每天都要使用的物品，所以请放在橱柜黄金区域的固定位置上。

只要分区放置，就能够将大量物品整理就绪，确保宽裕舒服的空间，这个方法也是擅长运用橱柜的秘诀。

衣物① 不再适合自己，代表这件衣服的任务已结束

我经常会说："衣柜也要抗老化！"这句话是什么意思呢？

随着年龄增长，我们都会在意皮肤开始产生的变化，这时，大家一定会换适合自己年龄的化妆品来使用吧！而衣服也是一样，会随着年龄增长产生适合及不适合的变化，所以要经常重新评估衣柜里的衣物，就是这个意思！

曾经喜爱的衣服，不一定到现在仍适合自己。随着岁月的流逝，不但气质会有所改变，如果连尺寸也不合适，穿起来布料紧绷，背后被挤成一圈一圈，腰部看起来也会相当难看，于是穿起来，就会令自己感到相当不舒服。所以出现"最近根本没穿过，丢掉太可惜"的衣服，请站在镜子前面，重新做一次服装秀表演评估。

"啊！已经不适合穿了！"你可能会因此而难过，但也代表这件衣服必须要丢掉了。不必担心，还有很多衣服适合你穿着，请好好地珍惜这些衣服。

如果能够请朋友或家人来协助你，请他们说出真正的意见，也不失为一个好方法。

“太紧了，看起来好胖！”“这件衣服已经过时了！”如果他们老实地说出这些辛辣的意见，就算你多喜欢这件衣服，都能够下定决心放手丢掉。

不可思议的是，在进行整理课时，当我叫学员做服装秀表演时，如果我觉得“这件衣服不太适合这个学员穿”“嗯，实在感觉不太合适”的衣服，大部分都是学员买了之后，根本没穿过或是他们本人也不喜欢的设计款式。

相反，只要是非常适合这位学员的衣服，穿上去之后，连她的表情与动作都看起来生气勃勃、充满活力。

我自己也是如此，穿着自己喜爱的服装时，心情会变得积极正面、对自己充满自信，而这些心境会呈现在表情及动作上，身边的人都能够强烈地感受到。

而沉睡在衣柜中多年的衣服，绝对没有这样的力量。如果不具备“正在使用、正在穿着、非常享受”因素的衣服，即使与它们道别，之后也绝对不会感到后悔。

“衣柜也要抗老化！”——请将这句话当作口号，来严格筛选适合自己的衣服，减少衣柜里的衣服吧！

家居服 千万不要因为“丢掉太可惜”而拿来当作家居服

我相信应该有很多人，会因为“丢掉太可惜”，所以将几件旧洋装留下来当作家居服，但是这么做会使衣柜的功能失效。穿起来紧绷的连身洋装、十几年前的老旧高中运动衫……这些衣服真的需要留下来吗?

不再穿着的衣服，请不要将它降格拿来当作家居服使用，请直接丢掉吧！只需要留下5年后、10年后仍旧能够展现可爱、漂亮的自己的衣服就好！请各位切记这一点。

其实，我自己连一件“家居服”也没有。

早上起床之后，我就会换上当天要穿的衣服。要做家事时就穿上围裙，而外出时，只需要迅速地脱掉围裙即可。即使要去给学员上整理课时也相同，许多学员都对这一点感到非常惊讶。我在洗澡之前都一直穿着当天的衣服，沐浴之后就换上睡衣就寝。“那么，想要放松的时候，衣服被弄皱怎么办？”经常有人会问我这个问题。其实只要不进入棉被里，衣服是不会弄皱的。

只要拥有一条围裙，不论是做菜还是打扫等，容易弄脏衣服的工作，都能够轻易进行。我很喜欢有女人味的衣服，总是穿着连身洋装或是百褶裙等飘逸的服装来进行整理工作，动起来并不会不方便，而且因为穿着围裙，也不会弄脏衣服，完全没有任何不便。

现在的围裙设计款式相当丰富，选择一件喜爱的围裙会让自己非常开心。当作被我欺骗一次也无妨，请试看看这么做。围裙是一款好用便利的单品。

● 我最爱用的围裙是“amebeaute”品牌，是我最喜欢的可爱设计风

即使我这么说，还是有大多数的人会觉得，在公司都穿着西装、套装工作，“回到家就想要更换轻便的家居服”。若是如此，你可以挑选自己喜欢的家居服来穿着。为了在家里放松自己而穿的可爱家居服，正是抗老化的最佳方式。最近市面上推出许多时尚的家居服，穿上它就可以天天都充满活力。不过家居服只需要一套，最多也只要买两套就够了。

衣物② 集中放在同一个地方是基本方式

严格筛选完要留下来的衣服之后，接着就是将这些衣服放进衣柜里（如果将橱柜当作衣柜使用，就放进橱柜里）。

重点就是，要分出每位家人所使用的个人空间。而早上出门前的装扮，也要在这里一次完成。

如果夫妻共享同一个衣柜，例如：右边是妈妈区、左边则是爸爸区。而抽屉里面也要区分清楚，爸爸与妈妈的手帕千万不要放在一起，孩子的衣柜里也不要放入妈妈的衣服。要以“这个区域是妈妈的，那个区域是爸爸的，另一个区域是孩子的”的个人观念，来区分所有的空间。

● 在我家，左边是老公的衣服区，右边是我的工作用具区。只要以个人区分，就相当便利，而且看起来也很干净整齐

如果没有明确地划分出由谁来管理这个区域，那么不只是难以整理而已，也无法使家人养成整理房间的习惯。尤其是当家人不太愿意帮忙整理家务时，如果替爸爸与孩子们创造出他们自己能够管理的空间，也可能会改变他们的想法，养成整理房间的好习惯。

然后，将衣服集中在同一个地方来收纳，这就是基本法则。偶尔会见到有些家庭将衣物类分别放在不同的地方，例如：西装与领带挂在寝室的衣柜里，但袜子、手帕与包包却放在客厅里，而皮带则挂在厨房的椅子上，这么做就是让房间在短时间内再度混乱的重要原因。请将衣柜整理好，让早上出门前的装扮全部都能够在这里完成。

首先要“先决定每个人各自的空间”，然后“将衣物相关的全部集中在同一处”。这两件事就是整理衣柜的原则。

但是我们家因为老公的要求，并没有照这个原则来实行。其实，原本应该要遵守将所有衣物集中在同一处的原则，但是为了成全老公的心愿，他希望在忙碌的早晨，能够一个人在客厅从容地整理服装仪容，所以只有老公的衣服，我分开两处放置。

因为我觉得“为了家庭出外打拼的爸爸，他小小的愿望一定要替他达成”，所以他平时所穿的衣服，我放在寝室的衣柜里，而早上出门工作所需要的衣物，我都放在客厅的柜子里。

不过，我设下了规定——放在客厅柜子里的衣物，只限于工作用的衣服及早上出门前整理仪容的用品。而手帕、皮带、领带等小物，我也放在同一个抽屉里，一打开马上就可以全部找到。

依照每个家庭的生活方式，虽然稍微偏离原则也没关系，但是我认为为了管教好孩子，让他们养成良好的习惯，有时不可以让他们太过轻松，这一点也相当重要。虽然说了那么多的原则，但请各位不要想得太复杂，只要在整理就绪之后，家人都感到相当便利即可。

衣物收纳 请活用便利的“衣架收纳法”

关于衣物的收纳方法，大致分为以下两种。

衣架收纳法

折叠收纳法

而其中比较容易收拾、方便拿取衣服的是“衣架收纳法”。如果家里还有多余的空间，建议你采用这个方式。因为我是一个非常怕麻烦的人，所以不论是小可爱或是T恤，我都用衣架挂起来收纳。

衣服洗好晒干后，就可以放进衣柜里。如果全部都使用同一款衣架，不但整理时非常轻松，看起来也相当美观

而衣架收纳法的优点大致上分为两点。

一、从晒干衣服到收进衣柜里，都用同一个衣架挂着即可。若是如此，就不需要折叠衣服，大幅度省去了洗衣服的时间。

二、一眼就能够看清楚衣柜里所有衣物。在挑选当天要穿的衣服时相当轻松，也能够马上知道衣柜里缺少哪一件单品，购物时也方便列清单。如此一来，就能够避免大家经常会发生的状况——买了新衣服回家后，才发现原来早已拥有相同款式的衣服……我认为衣架收纳法是通往时尚之路的快捷方式。

此外，如果你的衣柜具有足够的深度，可以再架设一支不同高度的衣杆，将里面的衣杆架得高一点，而外面的衣杆架得低一点。如此一来，就能够将全季的衣服都挂上去，连换季都变得更加简单方便!

而且要收拾衣服时，只要挂在衣架上即可，连折叠的皱折都不会产生。如果你觉得折衣服很麻烦，经常一脱下衣服就乱丢，寝室里累积了不少没整理好的衣服，你最好使用衣架收纳法来收拾衣服。

衣架 请选择同一款较细的衣架来挂衣服

当你使用衣架收纳法时，最重要的事情就是，要选择同一款较细的衣架来挂衣服。在服装店中常见到的、较宽大的厚重衣架，会相当占空间，不建议大家使用。衣架收纳法本身就不是节省空间的做法，如果又使用粗大的衣架，更是会占据挂衣服的空间，根本就是障碍物。

另外，如果不统一使用同一款衣架，挂衣服时高度就会有所不同，衣柜里面无法清爽整齐。统一好所使用的衣架，看起来一定会非常美观!

如果再将衣服以颜色分类挂好，不但能够减少选择衣服的时间，更能够完成一个连自己也陶醉其中的美丽衣柜。

顺带一提，我所使用的衣架是“毛料材质”的Dutch衣架以及德国制的圆形MAWA衣架。这两种衣架都具有防滑作用，并且能够节省衣柜里的空间。同时也是坊间非常受欢迎的款式，只要到家庭用品杂货店，就能够找到价格实惠的相同款式。

● 这是我爱用的Dutch衣架。选择衣架的重点就是“节省空间”

衣物折叠法 折叠好的衣服不要放进抽屉里

一般的收纳书上所介绍的收纳法，是将衣服折叠好后“直立地放进”抽屉或收纳盒里。

但其实对衣物来说最好的方式，是折叠皱褶较少的收纳方法。

总而言之，最好的方法就是衣架收纳法，但若是要以折叠方式来收纳，就要平整地折叠，再将衣服平放重叠在一起，对衣服来说，这才是最好的方式。这么做就像是一般服装店中的展示方式。

竖立起来的收纳方式，与平放折叠的方式比起来，衣服折叠的次数较多。折叠次数多就等于折叠的皱折会变多。

如果是采用平放的方式，将相同颜色的衣服重叠放在一起，就很容易找出你想穿的衣服，打开抽屉时也比较美观。只要保留3成的宽裕空间，叠在下面的衣服也较容易拿出来，开关抽屉时衣服也比较不容易夹得乱七八糟。

但若是衣服实在太多，将抽屉里塞得满满的，不得已只好选择将衣服竖立起来的收纳法，但是光想到要折叠那么多层，就觉得非常麻烦。建议你还是先严格筛选衣物，重新考虑衣物的必要数量。

一提到衣柜的收纳方式，大家几乎都认为“衣架”与“抽屉”是最主要的方法，竟然都没有人会选择“置物架”！

如果，在衣柜里放入抽屉式的塑料收纳盒，就必须要经过①打开衣柜，②打开抽屉式收纳盒，③放入衣服这样的顺序来放置衣服，拿取衣服时也会变得非常麻烦。

如果没有配合抽屉的尺寸来折叠衣服，那么每一次要拿放衣服时，抽屉都会被弄得乱七八糟，而且因为抽屉里塞满了衣服，又会在不知不觉中把衣服累积在衣柜外面，影响房间的整齐。

若是使用置物架，只需要①打开衣柜，②放进衣服，就能够立刻拿放衣服，使用起来相当便利。并且也能够一眼就看到所有的衣物，比抽屉更方便拿放衣物，也不容易弄乱衣服，真是令人开心的优点。

儿子房间的衣柜，如果放入收纳盒会很难使用，所以我就在他的衣柜里，使用DIY的“支架型置物架”，做出一个小型的置物架。

由于层板架可以自由移动，所以能够配合物品的高度来改变。如果想要放入抽屉，只要放置一个收纳盒即可。比起将收纳盒重叠放置，能够平放衣物的置物架，更能够应对各种收纳方式。

● 如果要以折叠法来收纳衣服，建议你使用置物架。使用“支架型置物架”，就能摆放各种尺寸的衣服

只穿一次的衣物 创造一个暂时放置穿过衣服的空间

各位对于只穿过一天的衣服，是如何处置的呢?

你会立刻放进衣柜里吗? 如果你并不在意这么做，我认为直接放进衣柜里，也没有任何问题。

但若是雨天外出时，感到衣服淋湿，或是虽然还没有脏到需要送洗的程度，但要你放进衣柜里却又觉得怪怪的，你应该有遇过这种情况吧!

这是我的学员们最常问我的问题，就是关于如何处理这种只穿过一天的衣服。将穿过一天的衣服直接放进衣柜里，有些人会在意衣服上的味道与湿气，也觉得这么做很不卫生，无法直接放进去。话虽如此，如果直接挂在客厅的椅背上，不但容易产生皱折，也会造成衣服乱放，看起来杂乱无章。也有人不愿意将衣服经常送洗，会造成衣服的损伤。

所以在整理衣柜时，就要创造出一个能够放置只穿过一天衣服的地方。我会在衣柜旁的墙壁上安装挂钩，将只穿过一天的衣服吊在那里。这个挂钩是三连式的，至少能够挂上3件衣服，如果觉得衣服的味道令你在意，那么就先喷一些衣物用的消臭除菌喷剂，再挂进衣橱里。

以前我会用一些非常随便的螺丝钉固定在墙上来吊衣服，因为只能够挂一件衣服，结果还是会将其他的衣服，挂在衣柜的把手上，看起来一点也不美观。

但是换了现在所使用的挂钩，融合在寝室里的装潢设计，变成非常好看的装饰点缀。

即使是只穿过一天的衣服，或者是要放进衣柜之前的衣服，都要给它们一个固定的位置。如此一来，就不会看到脱下来的衣服总是乱放了！

棉被·毛巾·衣物 暂时放好后，完成第一天的作业

严格筛选完要保留的物品与要丢弃的东西，并决定好所有物品的放置位置之后，请立刻将能够移动的物品摆放至固定位置上，如果是要直接放在后仓的物品，就全部收纳进去。千万不要忘记标示每个收纳盒中的物品。

在整理工作的过程中，如果那个地方空出来了，就将物品放进去。比方说，想要将毛巾放进洗脸台旁，但是洗脸台上已经塞满了东西，无法移动过去时，就暂时放在橱柜里也OK！

如果是尚未决定位置的物品，就请暂时放在橱柜里，随着家里逐渐整理就绪，物品的流动方式变得更好时，自然就会找到能够放置的地方了。

在这个阶段，所有物品都是处于“暂时放置”的状态。以这样的摆放暂时来过生活，如果感到不便，或是可以找到更好的收

纳场所，那就陆续改变各类物品的位置。请依家人生活习惯，找出方便使用、适合放置该物品的最佳地点来。

再将整个住家巡视一次，你就会发现筛选了家里许多物品，一定会使后仓区域腾出很大的空间来。现在你的心情一定很兴奋吧！最后，请仔细思考这些地方应该放入什么东西。

是要摆放散乱在客厅里的儿童玩具，还是占据书架位置的音乐专辑，又或者是找不到地方可以放、散乱在家中的个人用具……给你一个建议，在这些后仓区域，请放置一些到目前为止难以确定固定位置的物品吧。

当你放进这些物品时，也绝对不可塞满整个后仓区域。今后为了要应付生活中突然增加的物品，一定要确保7成的收纳空间、3成的宽裕空间才行！

做到这里，第1天的整理工作就全部都完成了！

第2天

整理"厨房"与"用水场所"！

水槽　先丢掉水槽三角垃圾桶与洗碗篮再开始整理

关于厨房，哪些物品该收纳在哪里，不论是哪一个家庭，在某种程度上大致都相同，是住家中比较例外的场所。只要按照基本手册来整理，不论是谁来使用，都能够确保便利的动线，以这一点来看，是住家之中最容易整理的地方。

因此，第二天的整理课程，让我们开始着手整理厨房与盥洗室等家中的用水场所。

如果说第一天所整理的后仓区域是"严格筛选物品与培养开窍时刻的特别训练"，那么，第二天所整理的用水场所，就是"练习如何思考动线"了！

只要严格筛选后剔除不需要的物品、考虑动线来配置物品的位置，并且在烹饪与生活方式上再下一些功夫，就能创造出一个令人惊讶的便利厨房来。每天都能让你站在亮晶晶的厨房里，愉快地烹饪出美味的料理来。

那么，整理厨房的目标就是，确保"宽阔的烹饪空间"以及"方便打扫"这两大重点！

为了尽可能确保更宽阔的烹饪空间，其实，就是要将所有物品都收纳到置物架上，如果这么做有些困难，也要尽量减少放在外面的东西，让厨房使用起来更加方便。

在此，我的提议是先将水槽专用三角垃圾桶与洗碗篮去除。每一个家里一定都拥有这两项物品，但就算不使用它们，也可以用别的器具来代替。

这两项物品如果一直放在水槽里，不仅会变得黏滑恶心，也会妨碍打扫。若是如此，不如干脆丢掉，以别的器具来代替！这就是我长期整理住家所得到的结论。

水槽三角垃圾桶可以用沥水漏网来取代。刚切好的蔬菜渣并不会不卫生，与烹饪时所使用的沥水漏网一起共享，也不会产生任何问题。若是要丢弃味道与污垢较重的食材时，就可以使用便利商店的塑料袋来处理。

而洗碗篮可以省去。直接从上方淋水冲洗餐具，与泡在水里的效果是一样的，如果一定要使用洗碗篮的话，就用大碗代替即可。最好的方式就是吃完饭后立刻洗碗，根本没有必要将餐具泡在洗碗篮里。

如果只有夫妻俩生活的话，也不需要餐具沥水篮。将擦碗布铺在梳理台上，将洗好的餐具向下盖在上面，最后再用干的擦碗布来擦拭水。餐具沥水篮很占空间，若是你想要烹饪空间更大，你可以用这个方法来擦干餐具。

整理厨房的第一个目标，就是拥有一个没有水槽三角垃圾桶与洗碗篮的厨房！只要尽量减少可以用其他物品替代的器具，这就是确保烹饪空间的秘诀！

食品库存 零库存！全部吃完了再买

非常遗憾地告诉大家，在厨房里丢弃得最多的就是超过保质期的食品。库存量越大的家里，越是会找出许多超过保质期的食品。

我曾经在某个学员家里，发现大量的杧果罐头，那是在特卖时买下来囤积的。当时里面的杧果都已经膨胀起来，罐头都被胀得鼓鼓的，大家都忍不住苦笑了出来！

你家里也有这种超过保质期的食品吗？请先一个一个地确认所有食品的保质期。即使是罐头食品，放了过长的时间一样会腐烂！

相信大家将过期、不能吃的食品丢进垃圾袋时，一定会产生内疚、自责的心情吧。

“啊，真是太浪费了！”然后会感到很难过吧！

如果你会这么想，那么今后要购物时，请先确认家里的食品量，再计划性地去买。

往往觉得便宜而买一大堆，结果因为买太多无法吃完，最后只能丢掉。如此一来，花在购物上的时间、劳力、金钱与食品，都大大地浪费掉了……

即使是食品大特价，其实也只是省下几十元而已。如果考虑到这一点，增加无法管理的物品，还得损耗自己的力气整理，实在是太可惜了。

像我们家在购买食材时，基本上会买足3天份，有时这样的分量，都还会吃不完。这时，就必须在第4天把它全部吃完，或是冷冻保存起来，就不会产生丢弃食物的“食品损耗”。如果不再浪费食材费用，就能够省下许多钱!

请把将丢弃食材时“啊！实在太浪费了！”的这种心情刻印在心中，接下来，请实践“吃完之后再买”的习惯!

厨房 将烹饪器具全部都清理出来

请将厨房的置物架与抽屉里的物品全部清理出来，排列在地板上。拿出餐具以外的所有厨房用品，一般来说会摆满整个房间。看着摆满地板的器具，许多人或许会因此脑袋一片空白，当你觉得“我们家的厨房器具非常多”时，那就不要一次全部都拿出来，请分类严格筛选该留下的器具。

将厨房用具全部拿出来之后，请分类为烹饪器具（锅子与平底炒菜锅等)、厨房用具(长筷子与锅铲等)、预备器具(大碗与菜刀等)、保存容器(微波容器与珐琅制品等)等等。

● 将厨房的用具全部拿出来，会有相当惊人的数量。请不要气馁，一个一个地严格筛选出需要保留的用具

然后再以“会使用的器具”“使用频率较高的器具”“无法以别的东西取代的器具”等方式，来严格筛选出需要保留的用品。

就像我们家的厨房，有2支锅铲、勺子及饭勺各2支，刀叉汤匙等准备家人4人份再加2组，以固定数量管理这些用具。或许你会觉得这个数量太少了，但是，其实一般家里只要准备这样的数量就够了，我还从未遇过困扰的状况呢！

就请以这个标准，来准备这些器具。

烹饪用具 请选择多功能烹饪用具

厨房是很容易增加琐碎物品的地方。多数人买东西时，会因为那是相当方便的便宜小物而买下来，结果之后只是摆在置物架上累积灰尘而已。或是因为“太可爱了”而一时冲动买下来，但其实使用起来一点也不方便。而且请大家一定要注意这些多半都只有一种功能的器具。

例如，我在课程中经常会遇到的器具是——淘米专用的沥水篮。这个器具相当占空间，而且大家只是因为长久以来的习惯“淘米时一定要使用这个器具”，被这种思考所支配而需要买这个器具。

其实淘米时只需要将大碗与沥水篮重叠在一起，然后用手在大碗里搓洗米粒即可，而要沥水只要将沥水篮抬起来就OK。大碗与沥水篮是原本厨房里就备有的物品，不需要再买一个淘米专用的器具来占空间。

相反地，我很爱惜滤网，因为滤网不只是能够去除汤渣，在水煮青菜或油炸食材时都能够使用，也可以当作粗过滤器筛具，是相当实用的器具。

而我所爱用的锅子是“十得锅”。之所以取名为十得锅，是由于它拥有“10种功能”的缘故。

一组共有大、中、小3个锅子，能够无水烹煮，也可以煮出美味的白饭，甚至还附有蒸笼。油炸食材时，只需要用少量的油，做便当也很便利。而把把手拆卸下来，可嵌套式收纳，价格也相当实惠，对我而言是满分的锅子。

正如上述，在厨房所使用的器具，如果具备了各种不同用途，越是简单的器具越是便利。

请回想，你实际在烹饪时使用的器具，大部分能够灵活运用的，应该都是较为简便的器具吧！做菜时，必须要使用到的器具其实并不多，如果每天都必须要使用许多不同的工具来做菜，光想就感到很疲累了。

像现在流行的高丽菜切割器、大蒜压榨器以及牛油果切割器等器具，真的有必要购买吗？难道不能用厨房现有的器具来代替吗？

还有凝固油脂的药剂，或许有它会感到比较方便，但是，没有它其实也不会有困扰啊！可以使用牛奶等饮料纸盒铺上报纸，将废油倒进去，然后当作可燃垃圾倒掉即可。只具有凝固油脂单一功能的用品，我认为并没有必要储存好几瓶在家里。

大、中、小3种尺寸的塑料袋，可以“省去”中尺寸的存放空间吗？当你要购买厨房用具时，请先养成思考的习惯，想想看目前所拥有的用具里，是否可以代替要买的器具。“省略”与“代替”就是筛选烹饪用具的关键！

烹饪器具的收纳方式 以“嵌套式”来重叠收纳器具

想要在厨房聪明地收纳器具，建议你使用“嵌套式”器具。锅子、大碗、沥水篮、大桶等物品，请选择能够重叠收纳的器具。

有时候在大卖场会见到心形的大碗等奇特形状的烹饪用具，像这样的单品，并不建议你购买使用。

而关于锅类器具，如果能够将把手卸下来重叠收纳，即使是狭窄的厨房也能够安心摆放！

刚才介绍的我所爱用的“十得锅”，就能够“嵌套式”收纳，相当节省空间。

另外关于平底炒菜锅，只要能够卸下把手，就能够直接放进烤箱里，也不会在意把手没有洗干净了。

● 由贝印公司出品、肋雅世女士监修的O.E.C系列的平底锅，性能超群、使用方便

如果你觉得“炒菜锅把手不牢固就会感到不安”，建议你使用我最爱用的、把手较短的平底锅。这是“料理研究家”胁雅世女士所设计的款式，由贝印公司出品。把手很短不会过于累赘，也可以直接放进烤箱里使用。热传导功能好，也很适合使用烹饪炖煮食材。另外，以“嵌套式”收纳来说，容易产生盲点的就是“保存容器”。因为有盖子的关系，要重叠收纳时，会占据大量的空间。

在这里要推荐给你的是，在一般超市等卖场里所贩卖的“Ziploc保存盒”。盖上盒子时可以堆高放置，拿掉盖子时又可以重叠收纳，是功能性优异的商品。

或许它的耐久性比一般的保存容器差，但若是考虑到价格，由于它比一般保存容器价格便宜，“用坏了再买新的”可以用这样的方式来轻松应对，使用起来相当便利。

厨房收纳 请分为“准备”“烹饪”“扫除”

那么，让我们想想，其实在厨房里会进行的动作，大致上只有“准备”“烹饪”“扫除”3种。所以，厨房的收纳方式也请分成这3个区域来考虑。如此一来，要取用物品时，就不需要走动，也能迅速顺畅地来做菜。

首先，请将“准备”用的物品放在梳理台下方。所放置的物品有大碗、沥水篮、削皮器、切片用具等等。

接下来是“烹饪”用的器具，请放在梳理台的抽屉及瓦斯炉下方。在抽屉里除了刀叉汤匙之外，还有长筷子、锅铲、勺子等烹饪用具。这里是所谓的厨房“黄金区域”。

若是你每天都要做便当，在这个黄金区域的抽屉里，分出一个便当区，就能够缩短每天早上做家事的时间。

而瓦斯炉下方，要固定放置锅子与炒菜平底锅。很多人会将锅子放在梳理台下方，如果考虑到将锅子取出来，拿到瓦斯炉上的过程，动作过大很耗时。所以锅子要放置在瓦斯炉下方，才是正确的选择。若你的锅子种类过多，请将使用频率较高的锅子，优先放在容易拿取的地方。

而关于调味料类用品，如果瓦斯炉附近有置物架的话，收纳在那里比较方便。经常会使用到的盐与砂糖，大多数人会放在置物架外面看得见的地方。若是如此，请使用外形可爱的瓶子，就能够使厨房的氛围更加美观。例如：野田珐琅制的“附把手的调味料瓶”，你觉得如何呢？因为是珐琅制的，比塑料制品更有质感，美丽的外形令人着迷。以调味料瓶等小物来说，它的价格不菲，推荐给重视美好氛围的人。

偶尔会见到有人在瓦斯炉附近装置挂钩，用来挂汤勺与锅铲等烹调用具，其实这样的收纳点子并不好。虽然这些器具马上就可以拿到手，乍看之下非常便利，但是这里是色拉油会乱喷的地方，打扫起来非常麻烦。若是考虑到这一点，不但其便利性因此一笔勾销，甚至还更糟糕呢！

同样，在瓦斯炉旁边放置调味料瓶，也必须再三考虑。如果没有其他空间，也只能够这么做。但若是想要拥有一个用抹布一擦就能清洁完毕的厨房，请尽量安排出另一个可以放置调味料瓶的地方吧。

打扫用具　简单方便的工具最为实用

打扫时所使用器具，请放在水槽下方或是梳理台抽屉里空出来的地方。

只要沾水就能去除脏污的神奇海绵（三聚氰胺海绵），以及被我称为“脚边抹布”的去除地板污垢的抹布等等，厨房所需要的打扫用具，只需要这样就足够了！我曾经使用过各式各样的扫除用品，最后发现没有任何一样能够打败这些简便的用品。增加太多打扫用具，只是会占据空间而已。

厨房所需要的打扫用具

神奇海绵（三聚氰胺海绵）

抹布（脚边抹布）

海绵

中性清洁剂
漂白剂
抹布（擦拭餐具用）
微纤维抹布（擦拭梳理台用）
厨房纸巾

此外，我还会准备“Dover消毒喷雾剂77”这种酒精杀菌喷雾剂。这是酿酒厂商所出品的，由于是酿造的酒精，也可使用在食品上，既安全又安心。这款具有77%酒精浓度的强力杀菌效果，厨房的卫生管理交给这一瓶喷雾剂就全部搞定。

● 关于厨房的除菌方法，只要有一瓶“Dover消毒喷雾剂77”就没问题了。也可以使用在食品上

从便当盒、果冻容器到保存器具等的消毒作业，甚至是容易产生杂菌的沥水篮都可以喷一下。做完料理之后，擦拭完水槽的水滴，也可以喷一下消毒喷雾剂。最后，再用厨房纸巾擦拭，就可以清洁完毕。

另外，也可以使用在切菜砧板与菜刀的除菌上，打扫冰箱时，也能够安心消毒除臭。我不想增加多余的清洁剂外露，所以，我会建议将所有物品都放进橱柜里，只有这款Dover杀菌喷雾剂例外，为了随时能使用这瓶喷雾剂，我总是将它挂在橱柜的把手上方便取用。

最近生活中所发生的食物中毒及食品的腐烂事件，对于照顾家人健康的家庭主妇而言，是非常令人在意的事情。所以，为了预防悲惨的事情发生，我都会很小心地喷扫喷雾剂！

关于食品库存的收纳 像超市一般的陈列方式

关于食物库存的放置场所，需要注意以下两点：

1. 不要将食物分散在不同的地方，请集中在同一个区域里。
2. 选择触手可及的地方，一眼就能看到所有的储存食品。

如果是放在柜子上方、那种不踩着椅凳就看不到的地方，会无法立即看到所有储存的食品，就一定会发生食品多余的情况。若是“无法一眼就看到”，也就表示那是难以取出、难以放置的地方。关于食品的储存地方，请寻找餐具柜下方或是梳理台下的抽屉等能够触手可及的地方。

而放置的方式，就是“超商”的感觉。就如同超级市场的陈列架一般，马上就能伸手拿到。“有螃蟹罐头，今天就做螃蟹蒸蛋！”“有西红柿酱，那今天就做西红柿煮鸡肉吧！”只要看一眼即可决定今天的菜单。

已经使用过的干物类，可以放进在日常杂货店购买的“干物储存盒”这种透明的保存盒里。因为它附有重复使用的干燥剂，柴鱼、面粉、昆布等不耐湿气的干物类，最适合放进去保存。我会在同一个保存盒里，一个一个地将各种不同的干物类食品放进去。也不会用橡皮筋及夹扣绑住开口，像这样的习惯也很随便马虎（苦笑）。

● 干物类就储存在附有干燥剂的“干物储存盒”里。选择细长的尺寸也相当实用

如果用到一个以上的保存盒，那就要用纸胶带来标示出里面的内容物。最重要的事情就是，不论是谁都能够一眼就知道内容物!

关于面粉、食盐、砂糖等物品的保存方式，请准备能够放进一整袋分量的容器。如此就不需要一直换不同大小的容器摆放，也不需要空出多余调味料袋的保存空间。尤其是面粉，如果连着袋子一起使用，面粉很容易飘得到处都是，倒进保存盒中来使用比较便利。

抽屉 以颜色与材质来分区使用

放置厨房用具及刀叉汤匙的抽屉，如果以“颜色”与“材质”来大致分类整理的话，要使用时就比较容易找到。这与整理衣物的道理相同。若是材质与大小都整理得整齐一致，打开抽屉时相当美观好看，也会让你更想要烹调料理。

如果以种类、形状与大小来分类的话，由于太过详细，反而在使用后要放回用具时，会感到相当麻烦。而且分区太多，会更加占空间。但若只是以颜色与材质分类，只需要大致做区隔即可。尤其是大家频繁拿取物品的厨房抽屉，使用一段时间之后，经常就会开始混乱。

不过，通常一个抽屉只需花5分钟就能收拾好。我会利用煮咖喱或烧开水的等待空当来整理。

请务必将不知不觉间混进其他抽屉的物品，再放回原来的抽屉去。

之所以只需5分钟就能够整理好抽屉，最重要的就是——所有物品都拥有属于它自己的“家”。不过，如果分得太过详细，会使家人难以找到东西，也难以归回原位，因此以“颜色·材质”大致分类，比较不会造成大家的负担。

为了方便整理收拾物品，该随便的时候就随便一点也OK！这就是长期保持整齐的秘诀。

餐具柜 请保留3成的宽裕空间

之前曾经提过后仓区域的收纳，保留3成宽裕空间是其重点，在整理厨房时也是一样。

厨房是一个容易将根菜类、回收垃圾、面包以及饼干零食等各种物品散乱放置的空间。所以只要收纳空间只占用7成空间，就非常方便活用。

不论是橱柜、抽屉或是食品柜，全部都只运用7成空间。由于物品是流动性的，如果不这么做，经常使用的厨房，就难以保持清洁整齐。

当然，餐具柜也只能运用7成空间来收纳物品。如果餐具柜

● 我们家的汤匙分为银制品与木制品两种。将它们分开来放置，不但寻找时很方便，看起来也相当美观

过于拥挤，盘子只能立起来放；但如果，你只使用7成空间来收纳的话，就可以分种类来平放。如此一来，马上就可以找到想要使用的盘子，也能够快速地归回原位。

“我们家的厨房太小了，根本没办法这么做！”正在这么想的你，不用担心。即使厨房太小，也可以想办法来克服。

我以前也使用过非常狭小的厨房，如果真的太小没有收纳空间的话，请试着运用以下的方法来做做看。这些方法能够省下许多空间！

❶ 请用餐具碗代替大碗来使用。汉堡肉请用塑料袋来捏揉。

❷ 请准备角形盘来取代大桶。

❸ 酱菜即使没有特殊容器，用塑料袋也能存放。

❹ 捣碎器可以用研磨棒卷上保鲜膜来代替。而敲打碎肉时，也可以用瓶子卷上保鲜膜做。

❺ 购买与放置食材，都必须要有计划性。

❻ 尽量选择小型的烹饪用具。

虽然，很多人憧憬在IKEA（宜家）看到许多国外的厨房用具，但是体积太大，难以收藏在日本狭窄的厨房及抽屉里。找不到方便放置的场所，想要拿出来也非常麻烦，只能够晾在那里布满灰尘……最后就变成这种情况，所以选择厨房用具时，请尽量挑选方便使用的设计。

冰箱 保存白米请使用饮料瓶与冰箱

大家都将白米保存在哪里呢？多数人都是保存在瓦斯炉或水槽下方的橱柜里吧！

我的娘家也是将白米放进贮米箱里，保存在瓦斯炉下方的橱柜里。这种贮米箱是透明的塑料盒，盖子可以打开一半的那种。

结婚之后，我觉得每天都需要许多白米，所以，我买了一个能够储存3升米的大型贮米箱，放在厨房的收纳柜里。但是，这个储藏盒相当占空间。

但是现在，我都将白米放在2升的饮料瓶里，节省了许多空间。装满3个饮料瓶，就等于装入5公斤重的白米。

● 白米请储存在冰箱里。配合冰箱的大小来调整购买的数量，就不会浪费食材

然后保存场所则是冰箱。其实，白米比较适合保存在湿度较低的低温场所，而冰箱就是最适合的地方。而湿气较重的水槽下方或是瓦斯炉下方，事实上根本就不适合存放白米。

保存在冰箱里，能够防止白米酸化，也不会产生米糠臭味。而且如果保存在饮料瓶里，也不像大型贮米箱那样，需要注意清理的问题。这一点也相当令人开心。

如果不仔细清理贮米箱，不小心让老旧米糠留在里面，就会造成米虫滋生，所以一定要定期清理才行。大型的贮米箱整理起来不但很辛苦，而且就算你以为已经清理干净，有时却没有完全去除米糠。

就这一点而言，使用饮料瓶就没有这个问题。用清水冲一冲即可清洗干净，如果连这个动作都嫌麻烦的话，只要更换饮料瓶即可，真是轻松方便！

如果使用饮料瓶来保存白米，只要再买一个市面上贩卖的“米箱漏斗”——这是一款可以当作盖子、计量杯、漏斗，甚至当作饮料瓶盖的便利商品，一起使用，就更加便利。

使用小型冰箱的小两口，每次只要购买2公斤白米就足够，也能够减少饮料瓶的瓶数。

自从我使用这个收纳方法之后，就能够有效地去运用原本被贮米箱占据的橱柜下方空间，真是获益不浅。建议大家也可以运用这个收纳妙计！

厨房扫除① 使烹饪时更加便利的收纳方式

总而言之，整理厨房时最需要注意的就是，千万不要将物品放在触目所及的地方。

这一点不只是厨房，包括盥洗室与客厅，家里每一个地方都是如此。尤其厨房是进行“烹饪工作”的空间，必须拿取和放置大量的物品。如果在这样的空间里，外面放置了太多物品，东西的流动性就会变差，变成一个无法整理干净的厨房。

某个学员的家里，在餐具柜前方放置了根菜容器，要拿取餐具时非常不方便。而梳理台上面也总是放着大量的物品，所有的东西都没有固定的位置。在这样的状态下，不但打扫工作难以进行，连做菜时，也会因为东西摆得乱七八糟而变得非常焦虑，一点也开心不起来。

但是经过严格筛选需要的物品、不需要的东西，并考虑动线来收纳整理之后，变得如何呢？原本被堆得乱七八糟的厨房，一瞬间干净了。不论拥有多么大量的物品，经过正确的整理方式，绝对都能够变成能够便利使用的厨房。

这位学员寄了一封电邮给我，里面分享她开心的感想：

感谢上次京子老师来帮忙整理家里。

托您的福，现在厨房变得非常方便使用。

对我们家而言，在饭后要立刻整理厨房是一件相当困难的事情。

总是要等到半夜或是清晨才能开始整理，每次都是在尚未清理干净之前就要准备下一餐。

但是现在，在短时间内就能够恢复原状！真是太棒了！

比起以前，我更能够愉快地站在厨房里做菜。

只是这样我就觉得非常感动了，甚至还帮忙整理了公婆家的厨房，出现了到目前为止被大量物品隐藏起来的空间！

梳理台上所有杂乱的物品都消失了，食材也依种类分好放进抽屉里。

“再差一步就像杂志上刊登的理想厨房了！”小姑子忍不住在旁轻声赞叹。

这一阵子因连续几天睡眠不足而感到疲累的我，这种喜悦赶走了我的疲惫。

能够参加老师的整理课程，真是太棒了！

因为我实在太开心了，所以写信向老师报告……衷心感谢老师。

是的，只要一次将厨房整理就绪，要恢复原状的“归零工作”也非常简单！而且只上过一次课程，也能够将他人的厨房整理干净。也就是说，正确的整理方式，不论谁家的厨房都一样。

减少物品、考虑动线、将所有的用品都整理收进橱柜与抽屉里，这就是不再让厨房变脏乱的秘诀。

厨房扫除② 整理就绪之后家人的想法也会跟着改变

还有另一位学员，她心目中理想的生活是拥有一个“能够随时举办家庭聚会的家”。

她有一些朋友喜欢举办家庭聚会，总是会互相招待对方到家里来玩，但是，她觉得让别人看到自己脏乱的住家很不好意思，因此最近感到压力很大。

她的家原本应该是一个很漂亮的住家，但厨房吧台上总是堆满了东西。一个漂亮的住家，如果有一些杂乱的部分，就会变得不美了，真是非常可惜。

餐桌、厨房吧台及梳理台上，都是容易随手放置物品的地方。就算原本只是想暂时放一下，但是在不知不觉中，那些没有“住址”的物品，这几个暂放的地方，就变成它们固定放置的场所，逐渐地变成了置物柜。

但是，她现在很明白，自己的目标是“能够随时举办家庭聚会的家”，那么接下来的工作就是遵照以上所叙述的方法，正确地来整理家里。

不需要过多的库存物品，不要再将物品放在餐桌、厨房吧台以及梳理台上即可。只要把所有物品都放在固定的位置上整理好，即使让朋友站在你的厨房里，也不会发生“那个东西放在哪里？”的情况，于是能够便利使用的厨房就诞生了！就算有时不经意地随手放了东西在上面，也很容易归回原位，能够一直维持着干净整齐的厨房!

另外还有一个优点，那就是若将家人每天所使用的厨房变得美丽清爽，家人的想法也会有所转变。因为在干净整齐的厨房里，如果有一些东西放在外面，就会立刻看到。

当其他家人看到，也会觉得“该收拾起来”，于是就帮忙整理。

而且，如果是一个外面没有杂乱放置物品的厨房，那么水槽与厨房吧台也比较容易擦洗得亮晶晶。因为没有东西遮住，就很容易看到水槽与吧台的污垢与灰尘，随时都能擦干净。

这种“亮晶晶”的感觉就是重点，该明亮的地方变得明亮无比，就能够使住家看起来更加出色完美。

为了使住家的等级更上一层楼，目标就是尽量不要让任何物品留在外面，创造一个美丽干净的厨房。

盥洗室的收纳方式① 明确地决定固定数量与固定位置

当厨房的整理工作告一段落之后，也顺便来整理一下家里其他的用水空间——盥洗室吧!我认为盥洗室也与厨房一样，是一个需要考虑动线的地方。为何如此呢?因为这里是具备许多“功能”的场所。

刷牙、化妆、护肤、整理发型等等，若是这里并设了洗衣房，也就是洗衣服的场所。并且也是入浴前脱衣服的地方，甚至也是洗发水、清洁剂等的储藏空间。

虽然它是一个具备多重功能的所在，但若非十分富裕的家庭，盥洗室都很狭小……而在如此狭小的空间里，如何方便进行各种动作，然后如何将这么多的琐碎物品方便拿出、方便整理，考虑动线来整顿好，就是展现功力的时候了。

盥洗室是家人每天早晨都要使用的地方。为了迎接舒适的早晨，如果这里总是舒适美观，那么对于不太愿意帮忙整理家里的家人而言，也会产生“美的连锁效应”喔！

盥洗室的整理方式，基本上与目前为止所说的方式大致相同。严格筛选出收纳的物品、创造空间。尽可能不要将物品留在外面，要考虑动线来收纳整理。

大多数的家庭都会在洗脸台上面放置牙膏与洗面奶，但是这两项物品也请放回橱柜里。与厨房的水槽相同，让水龙头、洗脸台、镜子永远都能够擦洗得亮晶晶，就是整理的重点。如果外面没有放置任何物品，那么就可以随时将飞溅的水滴擦拭干净。

那么，如何将现在放在外面的物品，考虑其使用的便利性来收纳整理呢？应该将哪些物品放进橱柜里呢？你家里的盥洗室，是否因为要将平时不常用的物品收进收纳柜里，导致柜子空间不够，于是常用的物品就全部放在外面呢?

现在，请将橱柜里的物品全部拿出来，一一严格筛选出需要保留的物品。

最容易累积、舍不得丢掉的是价格昂贵的化妆品。如果现在已经不再使用这些化妆品了，请把其中还能够使用的化妆品，用来擦身体也好，在一个月之内将它用完。化妆品的使用期限平均是2年，如果超过使用期限，虽然很浪费但请立刻丢掉。

而清洁剂的库存量只需要1个就够了。请将库存数量清点清楚，在用完之前，不要再购买下次的库存量。

如果想要盥洗室总是能快速整理干净，就必须掌握“决定固定数量”以及“决定明确的放置位置”两大关键。那么，就让我们克服以上两个重点，来整顿好盥洗室吧!

盥洗室的收纳方式② 狭窄的空间就要利用高度

我们家的盥洗室里放了一个很高的收纳架。在这里面放着浴巾、毛巾、内衣裤、化妆用品、护肤用品，以及护发用品等等。

在两个榻榻米大小的空间里，必须收纳全家人所使用的琐碎物品，如果不以“最大限度”来利用空间，绝对无法完成!因此在狭小的盥洗室里，运用高度来放置物品，就是收纳的秘诀之一。

若是你正在烦恼盥洗室里空间不足，那么请不要使用普通高度的置物架，建议你使用高度几乎到达天花板的高置物架。

想要购买一个真正方便使用的置物柜，就必须要检查“置物架所放置的位置，是否是真正方便使用的地方”。所以在购买置物柜前，先把物品整理好后，“暂时”放在那个位置一段时间看看，再来测量正确的尺寸，在找到合意的柜子之前，请忍耐一下！

我为了不让多余的空间浪费掉，也会好好利用收纳柜与天花板之间的空间。在这里，我放了一个布制的四角收纳盒，用来当作卫生纸、面纸以及厨房纸巾的库存场所。由于位置较高，所以使用布制的收纳盒，可以避免从上面掉落下来时被砸到而受伤。

这个布制收纳盒，也是我花了很长的时间研究出来的结果。我测量了置物柜的上面到天花板的距离，记录在手机的笔记本里，直到寻找到适合的收纳盒为止，一直都将物品暂时放在那里，忍耐了一段时间。

在购买收纳用品时，像这样花费时间来挑选，出乎意料，也是相当重要的事情。如果你一时冲动而购买，几乎都无法买到合适的柜子。既然都要花钱购买，请务必要挑选一个真正好用且合适的置物柜来使用。

盥洗室的收纳方式③ 不要忘记墙壁的收纳

关于盥洗室的收纳，与“高度”同样重要的是，有效利用“墙面”来收纳。

我在收纳柜的侧面，挂着从39元店买来的钢丝置物架，将吹风机、烫发钳、卷发器等物品收纳在里面。只要家里有青春期的少女，就会有这些物品。

而吹风机是家人共享的物品，无法放在个人的区域里面。而且也是平时经常使用的用品，最适合收纳在墙面。

洗衣机旁边狭小的缝隙，也可以有效利用墙面收纳法。在这里可以装置挂钩，吊挂拖把与吸尘器等扫除用品。

而关于吸尘器，以前我是使用体积厚重的款式，固定放在橱柜的下面。但是已经使用了10年以上，我对于它的微弱吸力产生不满，正在思考是否要购买一台新的吸尘器，于是就将固定位置改在盥洗室的墙面。

在选择吸尘器时，我所重视的优先级是以下3点。

☆ 可以收纳在盥洗室里 ☆

☆ 外形美观的款式 ☆

☆ 吸力较强的款式 ☆

我不断地思考，最后选择了现在所使用的直立型吸尘器。因为造型轻盈，挂在墙面上也不会造成负担，而且是无线款式！机型细长、使用起来相当敏捷，让我立刻爱上它。

● 吹风机就放在于39元店购买的钢丝置物架里。灵活运用盥洗室的墙面，是不可或缺的收纳方法

因此，我建议在购买家电用品之前，也请先考虑收纳场所之后再决定：空间、尺寸、便利性以及价格。想要买到满足以上所有条件的用品，当然需要花费时间来好好地挑选。

盥洗室的收纳方式④ 将“黄金区域”平均分配给家人

我们家的收纳柜，下段是抽屉，中段是没有拉门的开放柜，而上段则是左右对开拉门的柜子，由这3种形式所构成。而这种款式的置物架，可以分成：不想让人看见的物品、忙碌的早晨立刻就能拿取想要的物品、改变置物架的高度才能收纳的物品等，依照各种不同需求来区分，对要求功能性的盥洗室来说，是最适合的置物架。

在下段的抽屉里面，放着内衣裤。从上面开始将抽屉分为老公、儿子、女儿、我等4个区域，让大家的物品不要混在一起。而隐形眼镜等小物及化妆用品，也依个人分成不同的盒子来整理。

只有毛巾是全家人一起共享的，并没有分个人区域。全家4人+2条的浴巾与洗脸毛巾，重叠在一起放在柜子里。

而收纳空间的黄金区域是以每个人的“身高”来区分，个子较高的人就使用较高的柜子，而个子较矮的人，就分配到较低的柜子。依照全家每个人不同的黄金区域来分配收纳柜，大家都较容易管理，胡乱放在外面的物品也跟着减少许多。

若是身高差不多的话，那么，就依照是否擅长整理物品与懒散程度，来分配他们比较容易使用的空间。较为懒散的人就分配最方便使用的地方给他，比较有规律的人就请他忍耐，使用较不好用的柜子。

如果使物品管理较为轻松，那么即使不是全部交给母亲来做，也可以让家里每个人都有管理个人物品的能力，这是相当重要的事情。灵活运用黄金区域，创造出一个大家都能够学会如何整理物品的环境。

洗脸台 少数的库存用品一目了然

有些人即使对于整理住家很热心，并且拼命研究，对于要将洗脸台下方的收纳空间变得方便整理，也显得相当烦恼。

我有一位擅长使用各种收纳技巧的学员，对于洗脸台下方的收纳方式也苦战许久。即使乍看之下似乎收拾得很整齐，但“实际上使用过后，发现还是不太合适，使用起来很不方便”。因为必须要收纳清洁剂及牙刷等库存品，这些形状与用途都截然不同的物品，想要让它更加方便使用，的确是一件相当困难的事情。

但是只要掌握住重点，就能够实现每一个人都轻易使用的、洗脸台下方的收纳方式。到目前为止，我已经提过许多次了，以下就是收纳的重点。

❶ 库存品只需要1个。

❷ 清洁剂类的用品要简单明了，不要突然增加种类。

❸ 保持3成宽裕的空间，以方便拿取放置物品。

能够一眼就看清楚所有物品。（洗脸台下方不要使用看不到内容物的收纳盒。）

然而，用水区域的打扫方式，只要撕下一点神奇海绵，当你看到污垢时，勤劳地擦拭干净，就不会发生难以清除污垢的窘境了。

所以根本就没有必要购买卫浴专用的清洁剂。

● 将已经不再使用的收纳盒，拿来盥洗室使用，把牙刷等库存用品放在里面

我通常会准备一块很大的神奇海绵，一点一点地撕下来使用。每一次只会使用一小块，用完就丢进垃圾桶里。就像是在使用面纸一样。

不使用清洁剂就无法打扫，你不觉得这种打扫方式很麻烦吗？如果能够轻松简单地扫除，就不会累积“非扫不可”的压力，这就是永远保持干净清爽住家的做家务秘诀。

整理住家的最后阶段，登场的就是神奇海绵。当厨房与洗脸台全部整理完毕时，就用神奇海绵来擦拭水槽及水龙头，再用抹布擦干即可。只要用水的场所打扫得晶亮无比，所得到的成就感立即倍增。

当你擦拭得亮晶晶之后，第二天的课程就到此结束。

第3天 整顿客厅与玄关

客厅① 退一步以"客人的视线"来看

终于，要进入所谓的"住家门面"，开始整理这一块大众公共空间啦!

所谓的大众公共空间，就是公开性极高的空间区域。以住家来说，就是客厅、餐厅及玄关等地方。

这些空间，就可以将目前为止学会的整理技巧集大成而之。在第1天的后仓区域所进行的"严格筛选"工作，以及第2天用水区域所学会的"家事动线"，将这两项技巧灵活运用，创造出家人皆能放松享受的公共空间。

而其重点就是"客人的视线"。这是什么意思呢？就是要以客人的感觉来观望整个住家，让他们能够感受到"太完美了！""真舒适！"等氛围！就是这么一回事。

例如，当我们走进饭店的房间，如果触目所及的物品，都摆放得整齐美观、井井有条，就会感到相当舒适吧！遥控器也摆得直直的，面纸盒也放得很整齐，而洗脸台上没有一滴水渍，置物架也不会累积灰尘。

不可思议的是，如果以客人的身份，到别人家里去做客时，总是看到“一片狼藉”，如果回到自己家，通常都无法发觉。因为在平日的生活中，眼睛已经看习惯，即使东西塞满了屋子，并且是杂乱无章地乱放，如果不是太严重，就会变得毫不在意。

所以为了恢复自己客人的视角，请将房间的情况拍摄下来。

以客人进来家里时的相同动线来拍摄，进入玄关后拍一张，打开客厅门时再拍一张，客厅旁边的和室也要拍一张。

看到照片后你就会发觉，目前为止没有注意到的物品的“脏乱感觉”，全部都能够如实地感受到。“什么？我们家有这么杂乱吗？”“真糟糕！一定要好好地整顿一下”对于从他人视线中所见到的家里状态，你一定会感到相当惊讶！

客厅② 基本上禁止放置个人物品

客厅是家人共享的公共场所。如果不是能令全家人都感到舒适的结构，那么大家的心灵就无法得到安宁。

所以基本上在客厅里，“不可放置个人物品”是铁则！孩子的物品就放回孩子的房间，衣服就放回衣柜里，夫妻的物品就放回夫妻的寝室去。

话虽如此，但也不是什么东西都绝对不能放在客厅里。

例如：家人一起玩的游戏机、父亲在客厅阅读的书籍、母亲的手工编织用具等等。

由于这些物品都是在客厅使用的，当然想摆在客厅里。

无论如何都想要放置在客厅里的个人物品，请事先决定好放置的空间，只要不超出设定好的范围即可。

以我们家来说，虽然孩子们都拥有自己的房间，但夫妻只共享一间寝室，所以我与老公的个人物品也会放在客厅里。电视柜下方的两个抽屉分别是老公与我所使用的，并各自管理自己的区域。

在属于我的抽屉里面，收纳着外出时使用的手帕与名片夹等。而老公的抽屉是他自己管理的，我并不知道里面放了些什么东西。之所以会设立这样的空间，“这里爸爸可以自由使用”，是希望彼此之间不会感受到太大的压力，我认为这个方式，或许也是夫妻和睦的秘诀之一。特别需要注意的地方是，一旦决定了收纳的“范围”，就绝对不能超出那个范围。客厅里如果增加了多余的物品，想要保持美丽的状态就会变得相当困难。

客厅③ 不要依赖物品来过生活

通常会摆在客厅的物品，大致上有百科全书、地图、图鉴等大型书籍。或许是由于父母亲认为“摆一本百科全书在客厅里，孩子就会变得更加聪明”的缘故，多数的父母都会买来放在客厅里（我的父母也是如此），但若是孩子对于那本书一点兴趣都没有，这完全就是一种浪费的行为。

现在我才明白了这个道理，和以上的思考方式完全相反。想要培养孩子变得更加聪明、有智慧，并不需要将一本百科全书放在家里，而应该带孩子去博物馆参观才对。让他接触到各种事物，刺激孩子的兴趣，如果因此而需要百科全书，就到那时再购买。

如果从物品展开兴趣，那就会过度地依赖物品来过生活，就不懂得去动脑筋，变成“只要买下来就好”这种心态。

最后就变成被物品所压迫，强迫自己过着不自由的生活……

客厅④ 不要把客厅当作孩子房

“无法整顿好的住家”的其中一个特征就是，“家里任何地方都变成孩子房”。

明明就有孩子房，但客厅里、连着客厅的和室里，都放满了孩子的物品。如果孩子还小的话，就是孩子的玩具；如果孩子稍微长大一些，就是孩子的学习用具。

如果这样并没有增加母亲的负担，并能够顺畅地整理住家，而客厅的景致也依然美观的话，那就无所谓。

但是在这样的情况下，大多数人都会花费相当多的时间来整理家里！而且大部分的住家，都会变得杂乱不已，难以整理。

为了整顿住家而烦恼，就与上述的心态相同；大致上，会造成困扰的原因大同小异。大家都有属于自己的家庭方针，虽然我不方便多说什么，但是为了让孩子读书，而将教科书全部都移到客厅里放置，让孩子轻松，不需要整理房间，我觉得这并不是一件好事。在家里念完书后，即使孩子觉得再怎么麻烦，也必须要自己将学习用品整理好，这是理所当然的事情。

我不希望从小就养成孩子懒散的习惯。因为长大之后，即使他再怎么不愿意，也必须要去做许多麻烦的事情啊！

而客厅，也是一整天工作后感到疲劳的父母亲需要悠闲度过生活的场所。如果被孩子的物品所占领，客厅就无法发挥它原本所具备的功能了。

我有一位学员，她有4个小孩，因此家里无法设立孩子房。他们读书的场所只有客厅，而学习用具也无法放在客厅以外的地方……

而她是如何克服这样的情况的呢？她在钢板置物架下装上小轮子，做成移动式书桌，孩子们不读书的时候，就可以将书桌移动到别的地方去，不占据客厅的空间。而学习用品则放进墙面收纳柜里，只要关上拉门即可，看起来清爽整齐。完全看不出客厅被孩子们的物品所占领。

家里没有孩子房时，能够移动的学习书桌相当便利。如果是这种书桌，放在客厅里也OK

如果房间不够多的话，请动脑筋以这样的技巧来整理住家。就能使客厅发挥出原本的功能了。

玩具　整理干净对于育儿也有好处

某位学员的家里，在客厅的整面地板上，全部都是玩具、玩具、玩具！一个地方都放不完，到处摆满了玩具篮与盒子，里面全部都装满了玩具。玩具多到几乎都没有游玩的空间了……

在课程中，为了严格筛选出需要的玩具，于是我询问那个孩子:“这个玩具还要用吗?你还会玩吗?”他对我的回答都是:“还要玩!”但是当我说:“如果这个玩具还要的话,那就放回你自己的房间里去。”而这时他说……

“那我不要了!”原来如此啊(笑)。原来这个玩具并不是那么重要,不用搬回自己的房间里去。

当孩子还小的时候,管理玩具是父母的责任,因为他本人做不到。他一个人不知道该丢什么东西,也不知道该怎么去整理干净。

而需要放在客厅的玩具,只保留父母亲要与孩子一起游玩的玩具就够了。而其他的玩具就与孩子们一起挑选,整顿好放到孩子房或是后仓区域,教导孩子如何整理玩具。

在上整理课时,经常会遇到一种情况,那就是即使是年纪很小的孩子,只要体验过一次干净整齐的房间,就会模仿大人开始整理自己的房间。

前阵子,我遇到一个1岁8个月大的小男孩,在课程结束之后就自己开始整理房间,让我们这些大人惊叹不已。他与爸爸一起出门回来之后,就从包包里拿出自己的尿布,比画着叫妈妈把装尿布的篮子拿给他。当妈妈把篮子拿给他之后,他自己就开始整理尿布,一副相当满足的模样。

他的包包里还放着一条毛毯,接着他就拿着那条毛毯,咚咚咚地跑步，将毛毯拿到平时放置的置物架上放好。我见到如此光景，不由地思考与其进行多余的教育，还不如整理房间来得实在，对于孩子的智育极有帮助。我经常会听到这方面的感想。很多人整顿好住家之后，孩子的游玩方式也跟着有所转变。

某一个孩子在玩积木时，以前他都是将积木铺在整面地板上，随便选择一些积木来组合；但是在整理好房间之后，他竟然开始懂得将积木分类，然后先想好自己要做的东西，再来选择需要的积木。当然在游玩之后，他也会自己将积木整理好。

你不觉得母亲对孩子的影响真的非常大吗？我每次听到这些感想时就在想：原来孩子们也一样会觉得干净整齐、方便整理的房间，的确住起来非常舒适啊！

文件数据　文件数据几乎都可以丢掉

有许多家庭都因为文件资料堆满客厅而感到困扰，而且因为不擅长整理文件数据，导致无法整顿好家里的人也非常多。

邮件、学校的传单、各类用品的使用说明书、房地产的合约、扣除方面的数据及保单等重要文件。而关于国民年金的定期联络单以及信用卡明细，这些文件该不该丢掉，有时会犹豫不决无法判断。

无论是谁，家里所有数据文件的种类，简直都多到无法分辨，很难掌握到底哪些文件放到哪里去了。

而且即使是不擅长整理物品的人，也会好好地保存这些文件。因为他们都是谨慎小心、一丝不苟的人。他们会认为“万一发生什么事情，或许就会用到”，所以无法丢弃所有文件，于是大量的文件就沉睡在房间里……

不过只要学会方法，其实整理数据文件是一件相当简单的事情!

首先，请先将家里的所有数据文件全部集中在一起，开始进行分类:“该保留的数据”与“该丢掉的数据”。

而保留的基准是，是否属于金钱方面的数据。就是这么简单!顺带一提，我是个粗枝大叶、大胆又不怕失败的人，不论成功与否都会姑且一试(笑)。不过关于数据文件，只要按照这个基准来做，绝对万无一失。

关于通知单、指南手册以及广告类的数据，确认好后就可以立刻丢掉，没有必要保留下来。而国民年金的定期联络单与信用卡明细就是属于“通知单”类别，确认完毕就可以丢掉，一点问题也没有。

而每一年都会增加的贺年卡，只需要把去年的贺年卡留在身边，前年之前的贺年卡全部都可以处理掉。为了要写下一年度的贺年卡，只需要留下一年份的数据就足够，剩下的就抱持着感谢对方的心情，将它们全部丢掉吧！

数据文件的管理① 只需要保留关于金钱方面的数据

需要慎重管理的是关于金钱方面的数据。例如有价证券、储蓄存折、证件、合约书、年末扣除数据等文件，就需要好好地保管起来。除了这些关于“金钱方面”的数据之外，其他文件全部都丢掉也不会产生任何问题！

实际上，在进行整理课时，经常遇到有些学员虽然找到保险内容的通知书，却找不到“最重要的保单”这样的事情。如果真的找不到，可以向保险公司重新申请保单，并不需要太过焦急，但若是没有掌握住保单里的理赔内容，万一发生什么意外，就不知道该如何申请了。

家庭里的重要文件，保险、股票与投资等财产管理……

“这方面都是交给老公在管理，我完全不知道！”有很多太太都是这么说的，但是这样的信息，必须是夫妻共同所有才行，不然未来有一天，一定会发生令你困扰的事情。

我有一位学员，她是一个非常时尚的女士。几年前她的老公去世，因为她本身不擅长整理数据文件，所以这方面的事情就完全置之不理。

但是持续中的合约等各类文件一件一件地寄来给她。然后就不断地累积，堆满了整个房间，最后她根本不知道这些文件又放到哪里去了。

令人惊讶的是，当我与她一起整理文件时，竟然从大量不需要的文件之中，随手找到高额的保单。她几乎差一点就领不到保险费了。如果真的错过保险费，那真是太可惜了！

关于财产方面的文件，大家都以为非常难懂，其实上面所写的内容并不会特别困难。只是文字很小、读起来有些费事，只要下定决心去阅读，其实出乎意料地简单。

而且像保单这类文件，外观十分奢华，一眼就能够看得出来。只要将这种文件保留下来即可。“外观奢华＝金钱方面的文件”，请你务必记住这个道理。

如果有不明白的地方，可以打电话到银行或证券公司去询问。金融机关具有告知的义务，只要是交易持续中的文件，一定会将目前的状况寄给你。只要打一通电话到上面所注明的客服专线，就能够了解截至目前，你所不清楚的保险内容，心情也会跟着轻松不少。

数据文件的管理② 用智能手机拍照备份档案

我从以前就很喜欢阅读使用说明书。朋友与老公都说我是个怪人，只要一买电器用品，就会将说明书从头到尾读一次，这是我极大的乐趣。

但若是要将使用说明书这种文件全部都留下来，会占据家里很大的空间。

我以前都是将烤箱与电饭锅等这种读过一次就不会再看的使用说明书全部丢掉，但自从开始使用智能手机，我找到一个非常便利的方法。那就是扫描软件。

以智能手机内建的照相机，将想要的页码拍下来，然后就可做成PDF档案储存起来。我个人最爱用的是iPad及iPhone里叫作“专业扫描”的付费软件，也有一些扫描软件是不需要付费的。

而“专业扫描”软件，可以将多页文件储存在同一个PDF档案之中，也可以只切割文件部分来观看。如果想要保存彩色的档案，也可以用照片的方式来制作。并且也能够分类成各种活页夹，一眼就能够看到所有储存的档案，使用起来相当方便。也就是说，只要有一台智能手机，就不需要扫描仪了！

而使用说明书其实并不是需要频繁阅读的文件，如果想要保留下来，就做成PDF档案来保管，即可有效削减家里被占据的空间。自从智能手机普遍之后，像这种数字化管理的方式也变得更加便利。

应用这种方式，就不需要再将杂志上刊登的食谱，剪下来做成活页夹来保存，只要用智能手机拍下来即可。从报纸剪下来的新闻也一样可以拍下来。

并且可以使用档案，轻松地制作“我的食谱集”或是“我的短文集”等等，而学校的年间活动预定表或是其他想要马上看到的文件，都可以扫描下来保存。

数字化对于减少数据文件，是一个非常值得依赖的方法。请大家一定要试试看。

数据文件的收纳方法① 最后要做成家庭活页夹

以整理客厅的角度来说，各自的物品就要收纳到各自的房间里去，这就是基本原则。但反过来说，不论是哪一个家庭，绝对要放在客厅的物品是什么呢？那就是家庭活页夹。

如果已经分类出要丢弃与要保留的文件之后，接下来就是要制作家庭活页夹，来统一管理全家人的共有数据文件。如此一来，就不会见到数据与邮件到处乱摆，孩子学校的文件及宣传单也不会丢得到处都是，光是做到这一点，客厅就会变成相当清爽整齐。

而最重要的是，家里每个成员都能清楚知道活页夹的内容，5秒钟就能找到自己想要的数据。

其实我从短大（短期大学）毕业之后，曾经在一家电机制造公司工作，关于整理资料文件，我可是相当擅长。所以在整理课程之中，我的数据活页夹也大获好评。那么，现在就将我长年培养出来的家庭活页夹的制作方式，毫不保留地全部告诉大家。

必须要准备的物品有4样。必须准备的物品，全部都是A4尺寸。

这4项是制作家庭活页夹时的必备用品。哪一家公司出品的东西都没关系，而我自己最爱用的是外形简洁的、无印良品的聚丙烯材质的文件盒。

而家庭活页夹的外形也很重要，当你打开橱柜门时，一眼所见到的当然不希望是难看的景致。

我建议统一使用简洁造型的白色文件盒，排列在一起看起来真是美观。

顺便一提，所谓的个别档案夹，就是为了夹住文件来保存时，区隔类别的纸制档案夹。如果是没有折叠的单张文件，只要直接夹进档案夹里即可。

● 数据文件盒，我都统一使用无印良品的聚丙烯材质的文件盒

另外，关于卡片类物品，可以用透明数据袋保管。这时，可以在个别档案夹装上棒状扣件，固定住透明数据袋。

使用这几项物品，分类来完成数据盒。不论是哪一个家庭，家里的数据文件大多都能用以下6种“基本分类”来整理。

★ 生活 ★

★ 健康 ★

★ 金钱 ★

★ 教育 ★

★ 使用说明书／保证书 ★

★ 未处理文件 ★

严格筛选完必须保留的数据文件之后，先大致分成这6种类别，一张一张地陆续放进文件盒里收纳。

之后，再将每一个文件盒，以纸制档案夹来进行更加详细的分类。例如像以下的方式。

❶ 生活——店卡、垃圾分类表、护照、印鉴登录证明书、喜帖、贺卡

❷ 健康——预防针预定类文件、健保卡、挂号单、健康诊断书

❸ 金钱——税金缴纳存根、保单、房贷、国民年金、寿险扣除文件、医疗费收据

❹ 教育——年间活动预定表、补习班、练习课程、在家学习管理文件、制服申请书

通常我都会强调收纳只需要“大致分类”即可，但关于数据文件却是例外。如果分类过于马虎，就会难以检索出自己要找的东西。

所以我认为必须要有详细的分类才行。按照需求，请制作档案夹的分类。

做完详细分类之后，所有内容都贴上标签，即可完成。

● 将文件盒内的资料更加详细分类。请勿忘记贴上标签，让每个人都能够一眼看出里面是什么文件

数据文件的收纳方法② 数据文件是全家人所共有

如果有信件寄到家里来，请当场确认是否需要保留，不需要保留的文件就即刻丢进垃圾桶里。而需要保留的文件就放进“未处理文件盒”里，只需要5分钟就能够做完这些事情，请一天保管一次。只要都以这样的方式来管理，就不会再产生随处乱放的邮件与宣传单，客厅看起来也不会有“杂乱无章”的感觉。

家庭文件盒只需要5秒钟就能够将文件拿出来，学校方面的通知单或是垃圾行事历，就不需要再贴在冰箱或墙壁上，房间会显得更加清爽好整理。

纸制档案夹的优点是容易看清里面的文件，也非常方便检索。因此，也很容易确认出在既存文件中已经不需要再保留的文件。

如果不随时丢掉这些不需要的文件，即使家庭文件盒做得多么完整，不久之后，盒子还是会被文件挤得鼓起来。当你放进文件时，就是你确认丢弃文件的时刻，千万不要忘记这一点。

数据文件管理的流程如下：

❶ 数据文件寄到家里

❷ 当场判断是否需要保留，丢进垃圾桶或是放入未处理文件盒里

❸ 能够以扫描方式处理的文件就扫描起来

❹ 需要保管的文件，请放进该分类的档案夹里。同时确认是否有不再需要保留的文件

❺ 如果找不到适合放置的档案夹，就做出一个新的分类档案来

如此一来，家中的数据文件就能够统一管理了。

另外，制作好家庭文件盒后，一定要告知家里每位成员，这是相当重要的事情。因为这是全家人共享的客厅，全家每一个人都必须要知道物品的所在处，这也是维持住家整齐清爽的秘诀。

只要做好分类，全家不论哪一位成员都能够掌握文件盒的内容，孩子们就不会再询问：“妈妈，健保卡在哪里？”

客厅⑤ 在15分钟以内“重新归位”就万无一失

使客厅看起来清爽舒适的秘诀——尽量将放在外面的物品全部收纳起来。

请再看一次整理客厅之前所拍摄的照片。放在外面的东西，该收拾到哪里去才方便使用呢？物品的数量是否适当？

目标是“在15分钟以内重新归位”。即使是管理物品能力再高的人，重新归位的时间若是超过这个长度，也会觉得要保持整齐清洁很麻烦。如果重新归位的时间超过15分钟以上，那就要重

新评估一下物品的数量是否过多。

如果能够在“15分钟以内重新归位”，在家人团聚的时间或是计划好的时间之内，快速地整理就绪。即使突然有客人到来也不需要慌张失措。

如果知道哪些是自己容易拿出来放置在外面的物品，就可以准备一个暂时放置物品的可爱小盒来放这些东西。

我也有放一个暂时放置物品的亮晶晶小盒在客厅里，用来放钱包里的收据及刚摘下来的首饰小物。如果直接放一叠收据在客厅的柜子里，就会令人感觉“杂乱无章”。但若是隐藏在可爱的小盒子里，看起来就不会影响客厅的美观。有时候，稍微懒散一点，不需要勉强自己，这就是长期持续下去的秘诀。

文具类　放在外面的文具只需要一支笔就足够

看起来杂乱无章的笔座，请勿放在外面，建议你找一个地方来专门放置这些文具类物品。在客厅里，放在外面的文具，只需要一支笔就足够了。

在店里一见钟情的白色塔形笔座，我将它放在客厅的柜子上。这个笔座与其说它是文具，不如说它是一件装饰品。当家里一切都整顿就绪，只放置着自己最爱的物品时，连一个笔座都会显得非常讲究。

以前，在孩子的学校说明会或是儿童委员会等场合中，拿到许多圆珠笔或自动铅笔等赠品，当时觉得“不拿就吃亏了”，所以拿了好多笔回家。

● 文具只放置最喜爱的一支笔，我很喜欢这个塔形的笔座

但其实在客厅里，只需要一支笔就足够了，没有其他的文具根本就没关系。

当我了解这个道理之后，就将所有赠品笔都处理了。想想在自己最爱的笔座旁边，放了一堆一点也不可爱的笔与笔座，简直就是糟蹋了美丽的物品。

现在即使有拿赠品的机会，我都会尽可能地拒绝。

玄关的收纳方法① 全部都要收进橱柜里就是铁则

接下来要整理的就是，另一个代表性的公共空间——玄关。

玄关正是所谓的“住家门面”。这是客人进到家里来时，第一个看到的空间，也是这个家庭及在这里生活的人，给人第一印象的场所。

所以绝对要排除“杂乱无章”的印象。鞋子绝对不能露在鞋柜外面！

所有鞋子、物品都要收进玄关的橱柜里面，这就是第一个大前提。

而收纳的方法就是，将玄关橱柜的层板，分成每个人的区域来管理。这时，身高较矮的人就分配下方的层板。

当然鞋子应该无法全部都放进去吧！这时就将无法收纳的鞋子全部丢掉，这样做是最好的方式。“若是如此就无法享受时尚的乐趣了！”针对这样的人，就像衣服一样，也可以对鞋子进行换季的作业。

我建议，将非当季的鞋子一双一双放进鞋盒里，然后将这些鞋盒放在伸手无法触及的玄关鞋柜上方的柜子里，如果没有空间可以放置，那么就索性移到衣柜里去放。

冬季的靴子非常占空间，如果在穿不到的夏天，靴子占据了鞋柜的黄金区域，是一件非常浪费空间的事情！相对地，冬天时也请将夏天的凉鞋换到柜子的上方去放置。

这时，使用一目了然的透明鞋盒最为便利。如果又是可以重叠放置的鞋盒，即使放在衣柜里也很方便收纳。

除了季节性的鞋子之外，使用频率较低的宴会用鞋子，也可以用相同的方式来收纳。

但无论如何，能够放进玄关橱柜的鞋子数量有限，不要购买太多鞋子，才是最好的方法。

玄关的收纳方法② 将外出使用的物品全部放在这里

将外出使用的物品，全部收纳在玄关柜里，是非常便利的方法。例如：野餐铺垫、孩子在外游玩的玩具以及雨伞等物品。这些物品只要一使用就会沾到“泥土”。

相反，如果是不会沾到“泥土”的物品，即使玄关柜还有多余的空间可以收纳，也不要放在里面。如果不会沾到“泥土”，就代表那是在室内所使用的物品，要特地跑到玄关去拿，实在太麻烦了。

我有一位学员家里的玄关橱柜里，经常会出现一些意想不到的物品。“因为房间里没有书架”，所以就将书本与使用说明书放在这里，“因为库存太多没有地方放”，就将清洁剂放在这里。

如果这样的收纳方式便利使用的话，其实也无所谓。不过要使用的物品，就要放在容易使用的地方，才是最便利的方式。

如果放在鞋柜里的书籍是少量的，其实只要将家里收拾干净，一定会找到能够放置的空间。而关于清洁剂的库存品，只要在用完之前都不要再买，不久之后库存品就会消失，其他的只要放在洗衣房即可。房间的功能越是暧昧，物品的管理就越是困难。

有许多人对于雨伞的收纳方式非常烦恼，我收纳雨伞的方式是，在玄关橱柜门的内侧，用螺丝钉，将在39元店买来的毛巾架钉好，然后将雨伞挂在上面。

将各种不同颜色的伞收起来，不要外露。请装置毛巾架，将雨伞挂在玄关橱柜的门里面

各种不同颜色的雨伞如果放在外面，会给人压迫感，收在玄关橱柜门的内侧的话，玄关会显得更加整齐清爽。而打扫玄关门口时也更加轻松。

到此3天的整理课程全部完成了！辛苦大家了。

最后请将收拾好的客厅拍摄下来，比较一下整理前与整理后的状况。用照片来看，更是能够看到整体的差别，现在的客厅美观清爽，愉快的心情将你的疲累全部都吹跑了。

原本被物品与收纳用具遮住的地板，终于宽广地显现在眼前。而每一项物品都有属于自己的位置，使用起来也相当方便。如果再试试看去做家事，完美的动线将令你惊讶不已。

在整顿好的厨房里泡一壶茶，然后在宽广的客厅里小憩一会儿，面对重新诞生的舒适空间，请放宽心来好好地享受一番吧！

挑战「3日奇迹整理术」！

每个人都做得到！

对于整理住家备感烦恼的2个家庭，在此全面报道他们的整理课程！这2个家庭的家族成员、住家形式以及烦恼都截然不同。最后都成功达成「3日奇迹整理术」。

N女士（40岁）

· 家庭人数：4人
· 住家：独栋建筑物
· 房间状况：4房2厅1厨房

N女士的住家，是郊外的独栋建筑物。家庭成员有老公、分别就读中学与小学的两个儿子。她最大的烦恼是，家里的收纳空间容纳不下大量的物品。

	10:00		11:00	
第一天	首先聚集全家人来进行思想改革。先生由于出差的缘故无法参加，由妈妈带着孩子，一起开始进行		整理夫妻的寝室…房，N女士将夫…衣柜里的衣物、…将自己衣柜里的…部拿出来放在外面	
第二天	今天的整理作业从厨房开始。与孩子们一起将厨房里的物品全都拿出来放在外面。由于是4人家庭，东西比较多，所以分成3次来整理			
第三天	将客厅与和室橱柜里的物品全部拿出来，并分类整理好。找出大量的数据文件，连N女士自己也非常惊讶			

T女士（30岁）

· 家庭人数：2人
· 住家：公寓
· 房间状况：2房1厅1厨房

都市中心的公寓住家。家庭成员是夫妻2人，结婚一年。收纳空间很小，有些物品都放在寝室地板上。

［记号的说明］

衣→衣柜
橱→橱柜
鞋→鞋柜

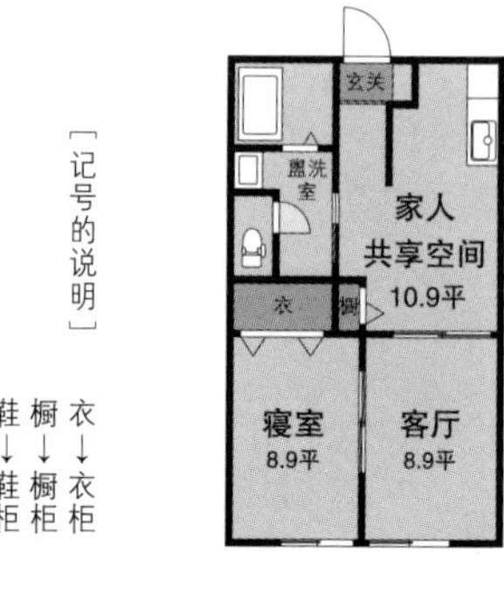

	10:00		11:00	
第一天				
第二天	将厨房里所有用具都拿出来排列在地板上	因为烹饪用具与餐具原本就很少，也几乎没有食品库存，一下子就将需要的物品都严格筛选出来。暂时放置好后，就结束了厨房的整理作业		盥洗室…的化妆…全部都…在外面…
第三天				

12:00		13:00		14:00		15:00	
利用午休时间进行提问。孩子们也提出了问题		将N女士累积的大量、已经不再穿的衣服陆续地丢掉，腾出衣柜里的置物空间。而孩子房也找出许多已经穿不下的衣服与旧教科书，这些物品也全部都丢掉，房间清爽了不少				孩子房的严格筛选作业完毕，暂时放置好物品之后，结束了整理工作	夫妻寝室的严格筛选作业完毕，暂时放置好后，第一天的整理工作全部结束
包含餐具、调味料等等，将厨房里的所有用品全部严格筛选一次		丢掉所有超过保质期的食品	厨房的整理工作告一段落之后，小憩一会儿。他们一边吃午餐、一边向我提问		接下来整理盥洗室。同样也要将所有物品都拿出来一一严格筛选。再利用原本就摆在盥洗室的柜子，将毛巾与内衣裤都移到这里来放		将打扫用具暂时放置好之后，第二天的整理工作也完成了
用智能手机，将使用说明书拍下来做成PDF档案后就全部丢掉。大约少了1成的数据文件，然后将所有文件都放进家庭文件盒里保管。因为孩子们也一起帮忙制作，所以文件盒里有哪些数据，当场全家人都清楚了。制作完成的家庭文件盒就放在客厅的黄金区域。并且将和室里没使用过的棉被与坐垫全部都丢掉				当客厅的整理工作告一段落后，稍事休息	最后要整理的是玄关。回到家来的先生，经过N女士的指导，将自己的鞋子严格筛选了一遍。N女士真是值得依靠啊		打扫完后，望着没有放置任何杂物的玄关，完成今天的整理工作

【3天所花费的时间】18小时

12:00		13:00		14:00		15:00	
首先从夫妻的思想改革开始做起。改变T女士的先生的想法，是这次整理课程的重点		将寝室衣柜里，所有衣物通通都拿出来放在外面，因为T女士的先生也一起帮忙，所以进行得相当快速		由于他们是刚结婚的新婚夫妻，找出许多关于结婚典礼的各种物品。将回忆用相机拍下来储存，再与这些物品一一道别			将物品全部暂时放置完毕之后，第一天的整理工作就完成了
我与T女士一起严格筛选出需要保留的物品	将盥洗室的物品暂时放置完毕之后，第二天的工作也完成了						
		最后一天，将客厅柜子、与家人共享空间的橱柜里的东西拿出来	严格筛选出各自需要保留的衣服。不需要的衣服就丢进垃圾袋	玄关柜里，所有T女士的鞋子全部拿出来放，多到连客厅都塞满了	立刻严选鞋子！玄关柜里放不下的鞋子，就摆到寝室的衣柜里去		

【3天所花费的时间】9小时

令人怦然心动的
3日奇迹整理术

第4章

一辈子都不再杂乱无章！

维持美丽住家的秘诀！

“不再回到杂乱”＝“随时能招待客人的状态”

若是想要防止整理过后回到从前杂乱的模样，招待朋友来家里做客是最有效的做法。

就算不是真的招待客人来家里做客，只要将家里保持得“美丽舒适”，随时都能够邀请客人来玩，那么，就绝对不会再恢复从前杂乱的模样。是的，“不再回到杂乱的模样”与“随时都能招待客人的状态”是一样的意思。

而我的整理课程，预约最热烈的时期就是4月与12月这两个月份。这是因为，4月份有孩子们的家庭访问，是老师到家里来做客的时期。而12月份，节庆一个接一个蜂拥而至，会举行许多亲戚友人的聚会。在被大家见到自己杂乱的住家之前，一定要想个办法来改善！大家应该都是这样的心境吧！

在国外，人们有经常开家庭聚会的习惯。学生时期我曾经到国外的寄宿家庭生活，每一个周末，而且是周六周日都如此，总是有人会到家里来聚会，或是到别人家去做客，我见到这种情景真是惊讶不已。

寄宿家庭里，有一个读高中的女儿与一个8岁的小男孩，但是他们的客厅里绝对见不到玩具或孩子的教科书，整个家里一点也不杂乱。简直就像是电影中会出现的美丽住家。

这家的母亲也有工作，家竟然还能如此整齐……令我受到不小的文化冲击！

寄宿家庭的小孩房里，也经常会有衣服或物品散乱的情况。但是针对这一点，这家的母亲完全不会唠叨。相反，如果孩子将个人物品乱放在客厅等公共空间里，一定会严格地警告他们。因为客厅是大家共享的场所，如果某一个人的物品占据了公共空间，就会造成其他人的困扰。孩子们从小就被父母如此管教，所以除了个人的房间之外，都不会有杂乱的情况产生。

正因为是这样一个家庭，即使客人频繁到来，也完全不觉得困扰。反而是因为经常会有客人到来，才让他们想要常保客厅与厨房永远整齐清洁。我觉得在国外，大人有大人的世界，小孩有小孩的空间，亲子之间的界线比日本清楚许多。

而日本人的亲子关系，是比较紧密的状态。例如：假日全家人一起出游，通常都是去游乐园或是家庭餐厅，会考虑孩子的需要来选择去处。而且事事以孩子的意愿为优先考虑，这样的家庭应该相当多吧！以我本身而言，如果考虑到生活的便利性，也想纳入一些国外的思考方式，但是身为一个日本人居住在日本，并不是特别想要去赞扬欧美的想法。因为日本的生活方式，也有许多欧美不具备的优点。

不过关于整理住家这一点，全部都以孩子为中心来考虑，的确有待商榷。如果全部的房间都变成孩子房，那么，就没有属于大人自己休憩的空间了！其实真正需要悠闲空间的是为了家人四处奔波、忙碌工作的父母。如果客厅里总是散乱着孩子的玩具与绘画用具，大人就无法好好休息了。

随时都能招待客人的家，从某种层面来说就是“大人视线的住家”。必须清楚地划分出小孩与大人之间的界线，“在这个房间，你可以用你喜欢的方式来生活”，也给孩子们属于自己的自由空间。这么做就是教导孩子家庭的意义，以及懂得尊重其他家人的意愿。

我教授整理课程的家庭里的孩子们，他们似乎也觉得这样的方式比较舒服。如果住家每个角落都变成小孩房，结果只会让他们觉得“没有属于自己的空间”。

相反，有些家庭在孩子房里堆满了父母的物品，“不久后要把这里整理成孩子房……”虽然这么想，却长年不动，把房间当作仓库来使用。只要把这个房间整理好给孩子住，即使是年纪很小的小孩也会手舞足蹈，在宽广的房间里奔走。

当孩子们稍微长大一些，也会叫朋友到家里来玩。这时，如果是孩子能够安心招待朋友来玩的家，也会是孩子的骄傲。而相反，“我们家太脏了，叫朋友来家里好丢脸！”如果孩子这么想，就有点令人伤心了。

其实孩子们也会以自己的方式，严厉地来观察家里。几年前，我儿子的同学到家里来玩，他平时是一个安静的小孩。但他当时不经意说出口的一句话，令我禁不住冒了一身冷汗。

“如果到一个脏乱的家里去，就算对方拿饼干给我吃，我一口也不会吃。因为很恶心，在那样的家我绝对不吃。”真是可怕啊！本来以为他只是个孩子，其实他看得可清楚了……虽然没有恶意，却脱口说出这样的话，这一点的确还是个孩子。但是他的感觉却跟大人一样，甚至比大人还诚实。

如果住家随时都能够招待客人来玩，那么，这是令你不会觉得与人接触很麻烦的一个重要原因，使你的人际关系更为融洽。

而若是不希望让他人看到自己的住家环境，或是有客人来拜访时显得很困扰，或是面对他们时会觉得非常麻烦等，那么就会逐渐地与他人远离，与亲戚朋友也会越来越疏远，你不觉得这是一件很悲伤的事情吗？

先不管是否真的会邀请客人到家里来做客，但只要将住家保持“随时都能招待客人”的状态，的确会减少一个让你觉得与他人相处很麻烦的因素。虽然这是一件小事，但我觉得是一件非常重要的事情。只要整理好住家，在这些地方也会产生变化！所以我会觉得，整理住家是支持生活与人生的根基。

以一天一次的"重新归位"来保持住家整齐干净

不论将一整间房子整理得多么完美，但是在每天的生活以及活动之中，所使用的物品当然会从收纳的场所移动到外面来。

如果能够将每一个拿出来的物品当场归位，就没有任何问题，但是在忙碌的生活中，有时候也会难以办到！比方说：当你在客厅的茶几上做某些事情，而突然有事需要外出；很累的时候，觉得麻烦而将整理工作延后。

像我非常怕麻烦，所以这样的情况经常发生。如果永远都被收拾物品追着跑，反而会使自己以毫无宽裕的心情来生活。但是你不需要担心，因为家里不会再变得脏乱难以收拾。

本书所介绍的将一整间房子整理好的系统，让即使是懒散的我也能够维持住家的整洁，也习惯去做一天一次的"重新归位工作"。

这里所谓的"整理工作"，是严格筛选物品、决定物品"位置"的整理作业。每一个房间的功能必须要十分明确，也必须要考虑到生活动线。总而言之，就是一种运用思考的工作。因为要将一整间房子都整理好，必须要花费时间与体力，身体与精神都会感到相当疲惫。

相对来说，所谓的“重新归位工作”，只是将物品归回原本的位置而已。不需要思考任何事情，是一种直接进行的单纯作业。因为，这是在整顿好整个住家之后才进行的作业，就像是早晨起床之后开始洗脸、刷牙一样，完全不需要思考就能够完成。

以我的情况来说，晚上就寝之前，做完厨房的重新归位工作之后，就会顺便将客厅的物品也重新归位。对于我来说，做完晚餐的洗碗收拾工作之后，马上将其他房间的重新归位工作也一起完成，是最有效率的方式。所花费的时间，全部共15分钟左右。即使白天有些物品没有立刻归位，在这个时候都会归回固定的位置，家里永远都能保持干净清爽。

而花费在重新归位的时间越短越好，你的日常生活会比较轻松。基本标准是15分钟，若是10分钟或5分钟就更完美！人数较少的家庭或是一个人生活的单身贵族，请挑战看看是否能在更短的时间内，将所有物品都重新归位。而重新归位的时间，在上班前或是下班回来之后都可以。只要决定好时间点，在你觉得方便的时间去做都没有问题。

如果在重新归位上面花费太多时间，那么就必须再重新严格筛选物品了。

只要是已经整理就绪的住家，这个重新归位的工作就非常简单！所以一天做一次也不会感到困扰，而且如果是比较勤劳的人，不需要去特别注意，在不知不觉中或许就已经全部归位完毕了。

即使这个作业再怎么简单，有时回到家里已经疲惫不堪，光是做晚饭就用尽了全部精力。“我什么都不想做了！只想好好休息一下！”我也会有这种时候。

而这时支撑心灵的最佳伙伴，就是与学员们互相传送的“铁门喀拉喀拉打烊啰”的讯息。

这是什么样的讯息呢？在一天即将结束的时候，拍摄一张重新归位完毕、整齐干净的家（尤其是厨房）的照片，在Facebook或LINE上面互相传送。这时我们的口号就是“铁门喀啦喀啦打烊啰”。

不可思议的是，不只是拍摄照片的人，连看到照片的人都会精神百倍，只要见到“铁门喀啦喀啦打烊啰”，就会想将家里整理干净。

“我看到京子老师的Facebook之后，就开始好好地擦拭餐具。”“本来打算要睡觉了，但是一看到照片，就觉得：‘我也得要做好！’”有很多学员这样告诉我。

所以如果遇到消沉灰心的时候，与朋友互相传送照片是个很好的主意。家庭主妇的工作没有人会特地去称赞，因此难以保持一定的热情，所以用朋友之间的“铁门喀啦喀啦打烊啰”的方式来互相称赞、互相打气。这样的整理住家伙伴，你觉得如何呢？

消除房间里的“杂乱无章”

每个人给他人的第一印象非常重要，而住家也相同。

如果被招待到他人家里去做客时，看到玄关打扫得很干净，还装饰着当季的花朵，就会感到：“这家人真是懂得享受四季、享受生活啊！”“真是心灵丰富的人啊！”会觉得这家人非常懂得生活。

同样，到了玄关进入客厅之后，从入口处最先映入眼帘的场所，就决定了房间给人的第一印象。像这种最先令人看到的地方，叫作“焦点区域”。

房间给人的第一印象=住户给人的印象。所以注重焦点区域，将它整理得干净清爽，对于提升他人的印象有极大的帮助。至少那些数据文件、报纸以及宣传单等物品，千万不要暂时放在这个区域。要仔细地将这个区域“杂乱无章”的感觉全部排除，也请经常打扫来保持整洁。

如果再装饰一幅出色的画作，摆上一些可爱的小物件就更完美了。在焦点区域中，摆放一些美丽的装饰品，能够让整个空间变得更加时尚。当季的花朵或是绿色植物也很适合。

走进我们家的客厅，首先映入眼帘的是深茶色的沙发。在沙发上方的白色墙壁上，挂了一面黄金色边框的镜子，这些物品的所在处就是焦点区域。虽然简洁却不会过于朴素，呈现出成熟稳重的色彩氛围。

而沙发上放置的抱枕，颜色依季节的不同而有所变化。夏天采用冷色系，冬天则采用暖色系。如此一来，沙发给人的印象也会有所改变，灵活运用这些色彩来享受生活的乐趣。在家里增添一些季节的色彩——这也是将住家全部整顿好之后，才能享受到的生活味。

房间若是给人杂乱的感觉，并不只是因为物品胡乱摆放所造成的，有时候房间里使用太多颜色，也会让人产生这样的印象。

“我将家里全部都整理就绪，也不再有杂物放得乱七八糟，但仍然会觉得房间里杂乱无章！”如果是这种情况，那么大概是室内的“色彩”出了问题。

像是家具等大型物品，或是沙发、窗帘、桌布等纺织品，如果这些物品的颜色搭配得不够均衡，就会使混乱的颜色进入视野之中，造成杂乱无章的感觉。

颜色具有创造形象的极大力量，可以用红色来当作重点色，或是故意用基本原色来制造强烈印象。总之，有许多高层次的色彩运用方式。但是，对于我们这些不擅长运用色彩的初学者而言，老实地从基本做起，如果之后觉得不够满意，再进入下一个阶段，我认为这样的做法比较不容易失败。

而所谓的基本阶段，就是室内所运用的色彩控制在3种颜色以内。不需要过于严密。只要看起来像同一色系，就将它当作同一种颜色来看即可。因为如果将小物类或细小花纹图案的颜色也算进去，那么要控制在3种颜色以内，就会非常困难了。

选择餐桌时，配合地板的颜色来挑选，但若是不属于同一色系，那么就选择与窗帘同色系的桌布来弥补，而收纳柜则统一采用白色系，一开始先从这些地方来着手，你觉得如何呢?

出乎意料的是，这个方法很容易就能排除掉杂乱的印象。

或者，将房间拍成照片来看，就能客观地看出房间的杂乱，建议你试试看。

我的学员总是会将房间的样子拍下来寄给我看，这个方式能够更客观地去观察自己的住家，有时即使没有我的建议，他们也能够将自己所在意的地方整顿好。

拍成照片之后，最不可思议的是，你将会看到平时没有注意到的杂乱处。于是，你就会觉得“这个置物架已经不需要了！把里面的东西拿出来，把这架子撤走”等等，做出一些决定来。

另外，观赏美丽的室内装潢照片，也是培养审美能力的好方法。

当然看杂志也可以，不过杂志一多又增加了整理的负担，所以我都是使用可以分享照片的Pinterest软件，来寻找国外的时尚装潢图像，陶醉地欣赏着这些照片。

虽然，这些装潢在狭窄的日本住家根本就不可能实现，但是如何运用焦点区域或是色彩等方法，有许多地方值得我们去参考。

观赏美丽的室内装潢，就是培养审美能力的最好方法。首先，先将最常见到的、自己的住家全部整理就绪，审美能力也会因此而增进不少。

生活方式若是改变，收纳方式也要随之改变

不论是房间的功能，还是收纳用品的配置，并不是决定好后，就一直这么使用下去，永远都不改变的。

必须要配合人生的每一个阶段与孩子的成长，不断地重新审视才行。只要生活方式有所变化，房间的功能也要随之改变，就是这么一回事。在每个时刻，请去思考最方便使用的方法。

例如衣柜，孩子还小的时候，若是将衣服吊在比较高的衣杆上，以孩子的身高是无法拿下来的。这时，就要将衣服放在衣柜下层的抽屉里，采用折叠的方式来收纳，那么孩子就能够自己管理自己的衣物。如果再教会他如何去折叠衣服，就能够培养孩子的自主能力，也是一种家庭教育。

当孩子慢慢长大之后，衣物也会逐渐增多，这时将他的衣服挂在容易管理的衣架上，也比较不费工夫。如果他一眼就能见到所有的衣物，也能让他学会搭配，并知道自己缺少哪些衣服。

我们家的衣柜较深，我将女儿衣柜所附的衣杆拆一支下来，

在衣柜深处装上一支，前面装上一支，以不同高度增设了一支衣杆。使用便宜货也没关系，只要有一支电动螺丝起子，即使是外行人都能够简单轻松地DIY。

装上去之后，里面挂上的是非当季衣物，前面则挂着当季的衣物，以这样来分类，那么当季节转换时，孩子自己都能够替衣服换季。“今天有点冷，披上一件夹克比较好。”只要让孩子能够自己管理衣物，就能早点培养他独立自主。

房间的功能，随着岁月变迁也会有所改变

当孩子长大独立之后，孩子房可以拿来当作书房或是客房使用，如果需要与父母一起住，或许也会将和室改造成父母的房间。

但并不只是因为孩子或父母的因素去做改变。当我们随着年岁增长，有时候也需要去改变房间的功能与收纳的方式。

通过调查发现，老人最容易受伤的场所，竟然是在自己的家里，真是出人意料。

有一位学员曾经告诉我，她80多岁的母亲，有一次在家里从脚凳上摔下来，造成脚骨骨折。这位老太太并不是想要做什么特别的事情，只不过是想要将橱柜里的锅子拿下来而已。当年纪越来越大，年轻时轻易就能完成的动作，会逐渐变得越来越难。不但爬到高处去拿东西很危险，就连蹲下来的动作也很难做到。

对老年人而言，整理住家这件事，在精神与肉体上都是非常辛苦的。曾经有人说，要完全改变他们长年培养起来的习惯，“就像是强行剥夺全身的物品一般”。所以，在你还能做到的情况之

下，将住家整顿干净，选择一个舒适安心的生活，是相当重要的事情。

请从现在就开始严格筛选物品，平日就开始培养评估生活便利性的习惯，当你迎来老后的生活时，就不会那么惊慌失措了。

用轻松、具有适应性的态度面对生活，即使要更换房间的装潢或是移动物品，都能够轻易地做到。

万一有一天，你必须要离开现在的住家，或是突然需要搬家，如果你身边的物品较少，机动性也会比较高。无论发生任何状况，你都可以构筑出适合当时情况的生活方式。

美国人与日本人的价值观不同，对于他们而言，购入自家住宅并不是赌上全部人生、会一直居住的地方。他们会依照当时的生活舞台，不断地搬迁居处。在这个过程之中，他们也会为了增进居住的便利性而改变装潢，也会为了提升家庭的价值，绝不吝惜任何努力……

养育小孩时，住在较大的房子里，当孩子长大离开身边之后，夫妻俩就会搬到小巧舒适的住家去，像这样缩小住家的事情也很寻常。如果背负了过多的物品，就无法去过这样的生活。

最重要的不是“住家”，而是“生活”。不是表面而是内在。如果能够像这样适应各种生活，那么，不管发生任何局面都能够攻克难关，令人感到安心踏实。

因此要减少物品，让生活回归简单。并不是为了特别的时刻去改变，而是要从平时做起。我们虽然没办法像美国人一样更换好几次住家，但是可以配合生活舞台，来改变家里的收纳方式。其实我觉得这是相同的事情。

全家人都要对物品的“家”一目了然

在我们家，所有收纳盒几乎都有标示内容物的名称。文具也好，药品也好，甚至是延长线，全部都放在收纳盒里并且标示得清清楚楚。

家是全家人一起生活的地方。只有母亲一个人知道物品的所在，其他家族成员一无所知的话，就不是一个方便大家居住的地方。

我家的厨房也是一样，因为女儿也会经常使用厨房，所以全部东西都附有标签！包括干物储存盒、面粉盒、意大利面盒……放在收纳盒里的所有物品，全部都标示出内容。

为了方便保存意大利面，我会将每一个种类放在不同的盒子里，这时有包装袋很不方便，所以我都会将它丢掉。标签上会写着“通心粉9分钟”或是“意大利宽面11分钟”等等，将种类与煮熟时间写上去。

这是我们家的习惯，所以当女儿买意大利面回来时，也会写上标签，让我也能够一看就明白。真的没有时间的时候，就连着包装袋一起放进盒子里，之后再找时间去写标签也可以。

将来，如果有一天儿子也对做菜产生兴趣，只要环视一次厨房，就能够立刻知道每项物品的位置了。

这样的方式对于家人而言，也比较不会累积压力。不问母亲就不知道东西放在哪里，这种“没有管理好物品”的压力，也会落在家人身上，并且会增加母亲的麻烦。

只要贴上标签，不但可以方便拿出你想要使用的物品，使用完毕之后也很容易归回原位。而且越是整理物品的新手，试过用标签来标示后，就越会对其便利性感到惊讶不已。

以我来说，同样用途并且会长期使用的标签，我都做得非常漂亮。像是家庭文件盒，虽然内容物会经常更换，但是盒子上的分类不会变动，这时我就会用质感极佳的印刷标签来制作。

若是内容物会频繁更换的盒子，只要用手写在纸胶带上即可。尤其是意大利面盒，里面的种类经常更换，使用马上就能够更换的纸胶带更加便利。打上印刷字样的标签固然好看，而一笔一笔写上去的手写标签也别有风味。我每次见到女儿的手写标签时，都会感到好温暖。

只要大家都知道每项物品的所在位置，就能够减少全家人的压力。只要做这么一点点小事，就能够过着安心舒适的生活，真是物超所值！

当家里整顿完毕、所有东西都固定好位置后，不只要贴上物品的标签，还要告知全家人放置物品的位置。如果全家人都能够理解，生活就会迅速地产生转变。

全家人共同使用的物品，每一个人都要能够掌握收纳的内容。这就是管理住家的基本原则。进而，如果全家人都感受到不被物品左右的简单生活有多么轻松自在，“整理住家怀疑派”的人，也会渐渐改变他们的想法。

说起来，我的老公也对“整理住家”长年抱持着怀疑的态度。

“其实家里就算不整理得干净整齐，只要认为那是一般正常的事情，就不会有所不满，为何要特地去改变现在的住家结构呢？”每一次，我提出要变更收纳方式时，他就会这么说。因此我们不知道发生过多少次的争执……

但是，最近他似乎改变了他的想法。

“我最近深深地了解一件事，那就是住家变得干净整齐，的确是一件很舒服的事情。只要体验过一次，就回不去以前的状况。”我从未想过竟然会从我老公的口中听到这样的话，开心到一瞬间脑袋一片空白。

我发现最近有许多年轻夫妻，先生都很主动地协助太太一起来整理住家。如果先生与孩子都愿意来帮忙，就可以举行“生活改造计划”或是“让生活更加舒适愉快的生活规划”之类的家庭会议，大家都可以提出想法来，一起享受整理住家的乐趣。

在整理住家的过程之中，会变得越来越开心，而日常生活也会变得越来越愉快。而全家人共同去享受这个过程中的种种变化，是非常美好的事情。

即使是一点一滴的微小变化，只要改善了每天的日常生活，人生也会跟着改变。以长远的眼光来看，这是相当大的变化。

以上所说的5大重点，就是使生活变得更加轻松、更加简单，构筑出灵活舒适生活的点子。

而且这也是为了预防住家恢复成原本杂乱的模样，度过更加美好、更加快乐的日常生活的重要心得感想。

让我们一步一步地迈向理想的美好生活吧！

令人怦然心动的
3日奇迹整理术

第5章

学会整理住家

在整理好的家里，做起家事来也更有效率

到目前为止与大家一起完成了“3日奇迹整理术”！

当你将一整间房子都整理就绪之后，做起家事来更是轻松愉快，生活方式也会有所改变。然而，真正完美的住家整理方式，并不只是将房间整理干净而已，关于打扫、洗衣服、做菜时的行动方式也会跟着改变。

“对了！如果这么做会更加轻松。”做家事的方式，会因此而有所改变；“如果改变这里的收纳方式，打扫起来会更简单！”住家的整理结构也会跟着改变，以这两种想法相辅相成，一步一步地更加进步。人生或许就是重复做着这些事情吧！

我将自己在整理家里的过程中所学会的打扫、洗衣服、做菜等重要秘诀，在本章节介绍给大家。如此一来，大家就能够明白，一定要拥有一个整理就绪的住家，才能够有效率地来做家事。

我最重视的一点就是“不需要太多的步骤就能够完成”的结构方式。总而言之，就是不需要过于繁复麻烦的步骤，也能够完美地维持住家及生活质量的方法。

所以，一点也不需要任何困难的步骤，甚至会让你觉得过度简单而惊讶不已……而关于洗衣服方面，要介绍给大家的方法只有2个而已！只要实践这2个方法，就能够愉快地清洗衣物，你知道之后绝不可能不去试试看！

这是一个能够让自己更轻松的事情，轻松地去完成它，不需要过度紧张，实行的步骤也简单易懂。由于做起来既轻松又不费时，即使你相当仔细地去完成，也不会感到负担太重。我喜欢像这样来做家事。

如果要用一个词来形容这种状态，那就是“简单”吧！

例如，我进行打扫的基本方式就是“干擦”，在上课时，我都会将这个方法介绍给大家，而学员实行后的感想如下：

“比吸尘器轻松太多了！根本就不需要买最新款的吸尘器了！”当然，需要使用吸尘器时，还是必须要用到。但并不是没有吸尘器就无法打扫家里了！只要自己去调整何时该使用吸尘器、何时不需要使用吸尘器，打扫工作就会变得相当简单轻松了。

我现在所要介绍的，就是为了享受简单生活的家事秘诀。虽然都是一些微不足道的小点子，但是只要懂得运用这些方法，一定能够使你做家事时，更加轻松愉快。请你务必要试试看！

整理住家做家事1

打扫

用“干擦”的方式，打扫起来就会分外轻松

明明才刚用吸尘器打扫过，一不留意竟然又出现些微的灰尘……

“嗯？为何会这样？”你应该也有过这样的经历吧？即使已经用吸尘器打扫过整个家里，还是无法看起来干净清爽……好不容易打扫好了竟会如此，在这一瞬间真是失望透顶。

而我本身会想要尽量缩短打扫住家的时间。

每个人都有非完成不可的工作、自己想做的工作，也想要拥有愉快的时间、做菜的时间、出门的时间、聊天的时间、开心微笑的时间……我想将时间运用在有意义的事情上。虽然我并不讨厌做打扫工作，但即使花一整天的时间将家里整理得亮晶晶，到头来还是会变脏乱。

因此，我建议在一周内完整地打扫1~2次，其余的日子，只

要你注意到有灰尘的时候，就从上方将灰尘扫落在地板上，再用纸巾式的地板拖把全部擦掉即可。虽然这么做看起来像是偷懒怠工，其实这么做比只用吸尘器打扫更加干净。

打扫的重点就是把灰尘从上至下扫落，再集中起来清除掉。

但是大多数人都以为使用吸尘器与特殊的清洁剂，就能够使扫除变得更加便利，于是就买了许多打扫用具与清洁用品。当我去学生家进行课程指导时，就会见到各式各样的清洁用具。如果是职业级的打扫专家，或许需要运用这些用品进行扫除工作，但若是一般家庭还得使用这些用品的话，那么家里会堆满扫除用具了！

想要将灰尘从上方扫落下来，就要使用除尘掸子或是拖把。而想要将落下来的灰尘集中在一起，要使用干擦的抹布或是纸巾式的地板拖把。清理集中好的灰尘垃圾时，可以用吸尘器来吸取，或是使用沾过水的面纸来擦掉也没问题。

而清扫楼梯时，与其拿着较重的吸尘器来打扫，不如以干擦的方式从上面擦到下面，这么做绝对会轻松许多！而且也不会损伤到楼梯的材质。楼梯上最容易累积灰尘的地方，是与墙壁连接的凸起处、护墙板的上端，以及每一阶楼梯的四个角落。这里是吸尘器无法完全吸取灰尘的区域。但若是以干擦的方式，这些地方的灰尘也能够轻易除去。

以客厅为例，天花板、照明器具、置物架上端、空调冷气上面等处，请以长条的除尘掸子来除尘，再使用纸巾式的地板拖把来聚集灰尘，最后再用吸尘器将灰尘吸掉即可。

而清理厨房的方式也相同，先用干抹布来擦拭，再将垃圾、灰尘集合在一起清理掉。

用干擦的方式，不论是地板或楼梯都会被擦拭得亮晶晶的，看起来非常干净。所以打扫只需要用干擦的方式就足够了。

写到这里，或许会有人认为："这个方法听起来好辛苦！"例如，我家没有任何缀饰物品，将这些工作全部完成只需要30分钟而已。而每周1~2次的大扫除时间，除了以上所叙述的工作之外，只要再用吸尘器将整个家都打扫一次就够了。

其实，不需要特地鼓起干劲来打扫家里，只要在你注意到的时候，轻松地去完成即可。

将家里全部整顿好，使打扫工作变得轻松简单，就不会再发生"因为家事、工作、育儿等等忙得不可开交，根本无法拥有一个干净整齐的家"这样的事情了！

在围裙口袋里放进一块抹布

我的围裙口袋里，会放进一块打扫用的抹布。立灯座的灰尘、置物架的角落等处，只要我一发现有灰尘，就能够马上拿起口袋里的抹布来擦拭。

可能你会想，等一下有时间再来打扫，却突然有别的事情插进来，令你根本忘记打扫的事情，或是丢在一边置之不理。而这些灰尘就不断地累积，最后家里各个角落都积满了灰尘，反而会增加你打扫的时间。

只要在你注意到的时候迅速地擦掉，这个方式更轻松、更能维持美丽的住家。而为了做到这件事情，就是在围裙的口袋里藏一块小的抹布。晚上完成了每天要做的“重新归位”工作，就连着围裙将抹布一起丢进洗衣机里。这就是“铁门喀啦喀啦打烊啰”的时刻。

“能够发亮的地方就让它亮晶晶！”创造一个舒适美好的住家！水槽、水龙头、玻璃、镜子等处，将这些会发亮的地方，全部都擦拭得亮晶晶的住家，看起来就令人心情舒畅。让人觉得这家人“生活得相当有品位”。

相反，如果应该发亮的地方却暗淡无光，即使将地板扫得多么干净，整个家还是会给人杂乱的印象，这一点真是不可思议。原来，只需要花费一点点工夫，就能改变整个家的感觉，如果不这么做真是太可惜了。“让这些地方亮晶晶？我们家已经很旧了，要像新屋一样发亮，根本是不可能的任务！”虽然有些人会这么说，但其实不论是怎么样的住家，都能够打扫得干净闪亮。在整理课程之中，我也会传授大家如何来处理失去光泽的物品，只要做到这一点，整个家都会焕然一新。这正是帮住家抗老化的方式。

打扫的基本方式是“干擦”，而要使这些物品闪亮发光的重点也是干擦。清理水槽与水龙头时，先用神奇海绵去除污垢，最后再用干抹布将水渍擦拭干净。只要用干抹布不断地擦拭，就能够使这些地方变得晶亮无比。

而擦拭玻璃与镜子时，可以使用玻璃镜面专用抹布。所谓的玻璃镜面专用抹布，是一种使用微纤维不需要清洁剂的抹布。只要用水弄湿之后就能够擦拭，不需要花费多余的工夫，也不会留下擦拭的痕迹。将这种抹布沾水弄湿，来擦拭整个住家，大致上就能够使家里变得干净清爽！

所谓的打扫工作，并不是要等到累积了大量污垢，再来一口气打扫，而是“勤快且大约地去打扫”，这就是维持美丽住家的秘诀。“这里应该可以变得亮晶晶！”当你这么想时，就拿起抹布来干擦看看。如此一来，连你的心情都会跟着快活起来。

维持做菜时的整洁——脚边抹布

我们家里没有放置所谓的厨房地垫。若要问我为什么，我会说因为想要减少清洗的东西。

“但是又要做菜又要洗碗，地板不是会变得很脏吗？”虽然许多人会这样问我，但其实一点问题也没有。

让我来回答你：“因为我一边做菜，一边会用脚来打扫。”反而是没有厨房地垫还比较容易打扫。

懒惰的我，在做菜时，会在脚边放一块干抹布，只要有水滴落下来，我就会用脚踩着抹布来擦干它。虽然这个动作看起来有些不雅，但因双手正在忙着做菜，如果在做菜的时候特地停下来擦拭，又会浪费时间，这时我会允许自己做出这样不雅的动作来。

当我清洗好晚餐的碗筷时，也一样会用脚边抹布将厨房的每一个角落都干擦一遍。并将垃圾集中在一起，最后再撕一小片厨房纸巾蘸水来将垃圾擦掉。

但若是厨房里垫着地垫，就无法办到了。掉落在地垫上的垃圾，如果不出动吸尘器或是滚筒式胶黏拖把就无法清除，还必须要将地垫挪开，才能打扫地板。

我将脚边抹布挂在平时放在厨房里的矮凳横木上，可迅速地使用并迅速地放回去。

即使不使用吸尘器，厨房的地板也能够非常干净。特地将吸尘器拿出来使用非常麻烦，但只要运用这个方法，每一次做菜时，都用脚边抹布擦一遍，也不会觉得很辛苦。

如此一来，厨房就能常保闪亮清洁。

扫除机器人对打扫工作帮助颇多

大部分的女性都是工作与家事育儿两头忙，但依然乐于奉献自己，在我的整理课程中，令我深刻地体会到这一点。

但是一般的家庭主妇却花费太多时间在做家事上。根据调查，日本竟然是前所未有的“家事大国”。

根据P&G所举办的“关于家事劳动与自由时间的比例之意识・实际状态调查”报告，日本的家庭主妇，一天做家事的平均时间是264分钟，几乎达到其他国家的两倍左右。

花费了这么多时间，但针对“是否有效率地完成家事”问题，认为自己“无法有效率地完成”的家庭主妇之比例竟有44.7%之多，几乎接近一半，也是其他各国的2~3倍。

日本的家庭主妇，虽然比其他国家的主妇花更多的时间在做家事上，却比其他国家的主妇认为自己“无法有效率地完成”。不过这个数据在某一个层面上来说，正显现出日本女性总是小心谨慎地生活的美德。

不过，有时也会觉得家庭主妇应该可以再轻松一点过日子。

现在市面上有许多帮助家庭主妇的生活家电用品。有扫除机器人、餐具清洗烘干机、附有烘干功能的洗衣机等等。

如果不需要花费太多工夫，就能够同样地使物品洁净，那么借助这些生活家电用品的力量会比较省事吧！我们家也灵活地运用了这些家电用品。其中令我得到最大帮助的是——扫除机器人与滚筒式洗衣烘干机。

现在我虽然忙于自己的工作，但不会感受到做家事的庞大压力，正是靠这些家电用品的帮助。

刚才所介绍的“完整大扫除”时所使用的吸尘器，其实就是这款扫除机器人。我对着扫除机器人说“剩下的就拜托你了！”然后按下按键即可，不论你外出办事还是在家里做其他的事情，它都会将家里打扫得非常干净，真是帮了大忙！

而关于扫除机器人，如果不是在“地板上没有放置任何物品”的状态之下，就无法百分之百发挥它的威力。虽然这么说有点嚣张，但使用扫除机器人是“完全整顿好住家的人”所拥有的特权。

以我们家为例，我会将餐椅全部架在餐桌上，再用扫除机器人来打扫。顺便再用滚筒式胶黏拖把清理椅脚底部的灰尘，如此就大功告成了。

当你回到家时，家里就是没有任何尘埃的干净状态，没有任何压力、能够舒适地生活。花钱买这些家电用品，我认为是对自己的一种投资。

整理住家做家事2

洗衣服

将整理工作的流程系统化！

我让全家人各自管理的物品之中，有一样是待洗衣物。

其实我们家的洗衣篮是2段式的收纳架。不但可以节省空间，也可以分上下层来分类衣物，是相当便利的脏衣收纳篮。

可以一般清洗的衣物，就放在上层的收纳篮里，而需要手洗、担心会染色的白色衣物、不能放进烘干机的衣物等等，就放在下层的收纳篮里。

如果是不负责洗衣服的家人，我会特地替他们分类，而他们能够负责将自己的衣物分类好，放进篮子里，那么就会大幅减少洗衣服的时间与步骤。这是我培养家人责任感的方式，若是不能放入烘干机的衣物，却摆在“可烘干衣物的篮子里”，那么衣服因此而损坏，就是当事人自己的责任。如此一来，就不会发生家人互相推卸责任的事情，也能够培养孩子的责任感，我认为这是一个相当好的方法。

我在每天晚上就寝之前，会将洗衣烘干机设定为洗衣烘干功能，然后才会去睡觉。到了早上，只需要将热烘烘的干净衣物放回固定的位置即可。

直接在洗衣机上将毛巾与内衣裤叠好，收纳到后面的架子上。关于个人的衣物，老公的衣服由我来管理，而女儿及儿子的衣物就大致地折叠好，再放到各自房间准备好的篮子里，由他们自己收到衣柜里。

而需要干洗的衣物，大约每隔2天，当衣物累积一定数量再清洗。然后在各自的房间里晒干。挂在衣架上之后，再挂在衣柜的把手或是窗帘轨道上晒干。干了之后就各自收到衣柜里。

只需要连着衣架一起放进衣柜里，这么简单的动作，孩子们自己就可以办到。不需要所有事情都交给母亲一个人去完成，家人能够帮忙的地方就请他们帮忙。我觉得养成这样的习惯非常重要。就像这样将洗衣服的流程确定好，就一点也不会觉得麻烦了！

顺带一提，我们家的抹布与擦碗布也是一起丢在洗衣机里清洗。事实上，抹布只是以干擦的方式来擦掉灰尘而已，其实袜子还比较脏呢！因此即使与衣物一起清洗也没关系。只要一起放进洗衣机里清洗，又会少了一个步骤，轻松又省时！

只要每天都洗，假日就不会整天都在洗衣服！

“待洗衣物太多好辛苦！假日光是洗衣服与打扫家里，就花掉一整天的时间，根本没有属于自己的休闲时间。”我经常听到这样的抱怨。协调好工作与家事是相当困难的事情。我之所以会每天洗衣服，正是因为这个。

只要每天都洗衣服，那么待洗衣物的数量就会减少。而收拾干净衣物时，也能以最短的时间来完成。所以，即使是在忙碌的早晨，也能够收拾好衣物放进衣柜里。

如果累积太多衣服一次清洗的话，就算你使用的是附有烘干功能的洗衣机，要收纳衣服时也会感到非常麻烦。如果在没有烘干机的情况下，还要再加上晒衣服的时间。“减少堆积如山的待洗衣物”是我的原则。或许要每天洗衣服，乍看之下非常麻烦，但其实绝对会令你轻松不少。如果勤劳地每天洗衣服，那么待洗衣物的数量，就会减少至最低限度，而放在狭窄洗衣房里的脏衣收纳篮也可以选择小一点，不占空间的篮子。如此一来，即使我发高烧身体不适时，某一位家人只要按下洗衣机的按键，第二天早上衣服就自动洗好了。而且只要对家人说："请先穿洗好的衣服。"那么待洗衣物就不会堆积如山，只要身体一复原，就能够立刻恢复做家事。

整理住家做家事3

做菜

不要浪费生鲜食品与接近保质期的食材

经常见到有些家庭把厨房吧台当作置物空间来使用。

还不只是厨房吧台，如果餐桌及梳理台上没有放置任何物品，就可以将食材全部放在上面，有效率地来做料理，在这3个地方放满杂物，真是太浪费了。

如果收拾好，就没有必要每拿一项食材就开一次冰箱门，烹饪的速度绝对能够提升不少。“这个东西再不用就要坏掉了。”也不会忘记去使用即将过期的食材。

在做料理之前、想好食谱之后，请再一次确认冰箱里的所有食材。如果有快要超过保质期的食材，请马上拿到烹调空间里来，重新考虑食谱。若是无法立刻想出点子来，就上网去搜寻看看。如此一来，就不会浪费食材了！

如果厨房里没有摆满杂物，那么在烹饪料理时，也就不会产生那么大的压力了。

切蔬菜时，请全部一起切好备用比较方便

不论任何事物，讲究前后顺序非常重要。例如，料理的事前准备工作，若是考虑到卫生层面，就要从蔬菜先切起，再切鱼、肉。这么做的话，就不需要切一次就洗一次砧板了。

因此，当你要切蔬菜时，请尽量全部一起切好！做生菜色拉要使用的西红柿与洋葱、做味噌汤要使用的豆腐与葱、配合主菜要使用的扁豆等等，全部一起切好来备用。不要一道一道菜来准备，先准备好这些食材，确实能够减少备料的时间。

以蔬菜来说，洗好之后剥皮到切好之间的作业非常麻烦。所以，虽然在烹饪时只需要使用一半的洋葱，我也会将另一半一起切好，放进保鲜袋里冷冻起来。之后使用起来会相当便利。当天不需要使用的食材，也可以一起把它切好，下一次做菜时就能够灵活运用。

这是我推荐的烹饪技巧！

任何一种蔬菜都可以冷冻起来

做菜时，最麻烦的就是蔬菜的准备工作。如果将清洗、剥皮、切块等准备工作全部先做好，那么就不会产生蔬菜渣，也能够立刻进行煎、炒、炖、煮的动作。

将这些清洗、剥皮、切块等准备工作，在空闲的时候先做好，然后将切好的蔬菜放进冰箱冷冻库里保存，就会发挥无比的威力，让你做菜时轻松不少。

我试过许多蔬菜，除了生马铃薯以外，其他蔬菜都没问题。只要是用火来烹调的料理，所有蔬菜几乎都能够冷冻起来使用。洋葱、白菜、白葱、香菇、金针菇、白萝卜、胡萝卜……

只要做完以上的准备工作，不论是配料较多的味噌汤、拉面的配料，还是炒面、咖喱、汤类等等，立刻就可以简单完成。我那个从来不做菜的老公也会说："这个方法真是便利啊！"在他唯一会做的泡面里加进蔬菜来调味。有多余的西红柿时，只要一整个放进冷冻库里冰起来，之后就很容易剥皮。而做咖喱或炖煮时，可以将整颗冷冻西红柿丢进去炖煮。而蘑菇类的食材，经过冷冻保存之后会更加美味。将每一次需要使用的分量分成一小包，切掉菌根之后冷冻起来。咬感极佳的杏鲍菇与鸿喜菇，经过冷冻之后会变得较软，使用在什锦饭等需要切细来烹调的料理，就不会有任何不协调的感觉。

而紫色洋葱如果切成薄片来冷冻，纤维就很容易腐败。所以，若是使用黄色洋葱，那就随时能够简单地做菜。做意大利面或是咖喱时也非常便利。

同样，白菜经过冷冻后也容易变形，但用来炖煮就会更加美味。

虽然刚切好的葱是最美味的，但它的保质期很短，如果认为无法用完时，请立即冷冻起来。当你要做葱盐蘸酱时，或是忙碌的早晨做味噌汤时，或是要腌肉时，还有炒菜爆香时都可以拿出来使用。

而很难一次用完的鸭儿芹，若是用来做茶碗蒸或汤类，即使是冷冻的食材也没有问题。

早晨起床很痛苦的我，如果没有这些大幅削减烹调时间的冷冻食品，那就太辛苦了！

减少清洗餐具时间的一盘料理

用餐完毕之后，等待着你的就是必须清洗的烹调用具与餐具……

有时候我对于餐后的整理工作也会感到很厌倦。这时，就泡一杯餐后咖啡来犒赏自己，然后戴上耳机一边听音乐，一边喝咖啡，来使自己的心情愉快，最后再一口气将所有餐具洗好整理就绪。

不过当我非常疲惫时，就会在一个盘子里盛上全部的料理，要洗的餐具只有人数份的盘子而已。我经常会这么做。

在国外，“一盘料理”是非常稀松平常的事情。而洗碗机也快速地被大家灵活运用。

而当我想要减少清洗的餐具时，基本上就会以一人一份料理来出菜。例如：某一天我们家的午餐，是将前一天晚餐剩下的猪肉温热，连着酱汁一起盖在白饭上，再加上以海苔、麻油与盐巴搅拌过的高丽菜，并放上切成长片的西红柿来拼盘。这是一道超简单又不费时的料理。

只要将主菜与副菜2道料理平均地摆进盘里，即使是“一盘料理”也看起来相当丰盛，请大家一定要试试看。

如果是3~4天份的食材，冰箱绝对够放

我开始学做菜是在小学3年级的时候，是母亲叫我开始学的。“你可以帮忙用3000元日币做全家4人份的晚餐吗？剩下的钱就让你当作零用钱。”剩下的钱全部是我的零用钱？我被这句充满魅力的话吸引住，兴奋地展开我的料理之路。我原本就很喜欢看料理节目，也经常看，而实际去做料理也很开心，曾经拥有一段美好的回忆。

因为我从小就开始学做菜，原本以为结婚之后也不会因做菜而感到困扰，但事实上却是大错特错。我先生的母亲因为工作忙碌，很少自己做菜，总是在外面吃饭或是去超市买现成的菜肴，因此我先生并不喜爱家常菜的口味，不论我做什么菜都是一副怏怏不乐的模样。

他不喜欢吃炖煮汤或煮物，马铃薯炖肉与炸可乐饼他也不爱吃。我做的菜里面他唯一爱吃的只有烧烤上等的肉类与生鱼片，其他的都不吃。每一天都叫我“煎个蛋来吃”或是“可以煎一片火腿给我吗？”每天都是如此……

因此每天从早到晚，我的脑袋里都在思索着“晚餐要煮什么菜好呢”。为了尽量减少失败的概率，我告诉自己一定要按照食谱来做菜。

但是这么做之后，冰箱里面就累积了用不完的食材，经常会坏掉而浪费。而且为了配合食谱来做菜，每天都得出门去买菜。

再说配合食谱来做菜，真是一件相当累人的事情。关于调味料的使用量，我总是在想“到何时才能全部记住”，其实根本就记不住啊（笑）！酱油3大匙、酒2大匙……每一道料理各有不同的量，要完全记住真是非常困难的事情啊！

而这样的状况是在生了小孩、工作变忙之后才有所改善。这时我无暇再去管老公的喜好，我开始“顺应食材什么都做”。看到冰箱里的食材，就开始思考当天的食谱，运用它们来做菜。

但是，我做出来的菜并没有什么特别之处。用麻油及盐昆布拌小黄瓜，或是用生姜酱油来炒萝卜的碎片，或者将马铃薯切丝用奶油来拌炒，或是煎个荷包蛋盖在白饭上面，等等。不过，自从我这么做之后，虽然是超简单的料理，老公竟然不再抱怨了！这令我感到“到目前为止的辛苦是怎么回事啊！”如果运用冰箱里的食材来做各种料理，那么餐桌上一定会并列着他喜欢的菜与讨厌的菜。即使有讨厌的菜，但只要有喜欢的菜，就不会产生过多的抱怨。如果其中有他说“真好吃”的菜，那么下次我就会多做一些。

如此一来，就成功地减轻了因食谱而浪费食材的风险！而且食材费用也便宜了一些。

现在我先生几乎不再偏食，我也能够每次购买3天份的食材来做每天料理。

以我们家为例，储存的食材会在3~4天之内全部用完，所以无缘学会冰箱的收纳法。

因为在3~4天之内冰箱就会空无一物，根本没有必要去做“立起来收纳”或是“整齐地收纳”。我认为关于冰箱的收纳方式，与其去学如何收纳食材，不如注意食材的使用与购买方式，这才是重点。

购买食材时，请以大致想好的主菜食材，以及一些时令蔬菜或特价蔬菜为主。如此，就能够大量摄取当季美味的蔬菜。

虽然食谱也很实用，但是请不要太过依赖食谱。如果一次购买几天份的食材，那就不管是否如你所愿，都不会被食谱束缚住，我认为这是使自己更会做菜的快捷方式。

做料理时，不需要完全依照食谱，我认为只要以舌头的味觉与视觉来做各种料理即可！就算调味料的分量有些差异，只要大致上没有错误，几乎都不会失败。必须要注意的只有刚开始加调味料时，请先以少量来调味。

曾有位学生告诉我：“我很讨厌做菜！”有一次她照着食谱

买齐了所有食材，也仔细地切好蔬菜，非常努力地做出意大利蔬菜浓汤，但是却用尽所有力气，无法再做其他菜肴，于是家人就问她：“只有这一道菜而已啊？”因此她就开始讨厌做菜。当然，几乎没有做过菜的人，或是要做一道没吃过的料理时，或许都必须要依赖食谱来试做，并且记住这道料理的味道。

当我要做宴会料理招待客人时，也会努力地参考食谱。但是不依照食谱，“大致上就是这个味道吧！”以舌头及外形来做的料理，才是真正的家常菜口味。然后再用多余的力气，用烧烤架来烤只鸡，这样家人应该会吃得更开心，妈妈也会比较轻松吧。

进行厨房重新归位工作时，不可或缺的是擦碗布

在整理课程之中，一定会提及厨房的重新归位工作。当你要做菜时，之所以会感到麻烦，通常都是因为水槽很脏，或是残留着尚未清洗的餐具，或是洗碗篮里，还留着餐具尚未归位等原因。

若要从整理归位的工作开始做起，任谁都会觉得麻烦。

我要建议大家，一洗完餐具，就要立刻擦干放进收纳柜里。

只要餐具没有摆在外面见得到的地方，那么厨房就会看起来清爽舒适。而梳理台也能够常保宽广的空间，下次再做料理时，就不需要从整理工作开始做起。

刀叉汤匙与铁盆等不锈钢制的器具，如果上面沾有水汽不擦干净的话，就会变得没有光泽，并留下水渍的痕迹，外形也会变得不好看了。

最适合用来擦拭餐具的是“花擦碗布白百合”，触感极佳，使用起来相当舒适

擦拭一个洗好的碗，连1分钟也用不到。平时累积这些小小的努力，就能够解决日后较大的麻烦……然后，当一天结束时，就到了“铁门喀啦喀啦打烊啰”的时刻。我与学员们会通过“LINE”或“Facebook”来互传厨房重新归位好的照片。

将餐具收拾好，擦拭冰箱、微波炉等厨房家电用品及地板，再将水槽的水渍擦掉，让水槽晶亮干净。然后拍下照片并写上“今天大家也辛苦了！”来互相加油打气，享受一天即将结束时的愉悦时间。

因为以抹布来擦拭，比任何方法都能够使住家干净清爽，所以我对于抹布的使用状况非常讲究。只要市面上一有很棒的抹布上市，学员们就会立刻通知我。目前，我在厨房里所使用的抹布有以下3种。

在厨房使用的擦碗布 · 抹布的种类

擦拭餐具——花擦碗布白百合

擦拭梳理台——强力除垢抹布

擦手布——在Nitori宜得利购买的深蓝色毛巾

“花擦碗布白百合”是采用蚊帐材质制成的擦碗布。质地轻薄且吸水力极强，又能够快速干燥，最适合用来擦拭餐具。使用过几次之后会更加柔软，用起来更加便利舒适。

而“强力除垢抹布”，不用多做说明大家应该都很清楚，使用微纤维材质制成，不需要使用任何清洁剂，就能够完整去除油污，价格也相当便宜。

关于擦手布，基本上使用任何一种布巾都OK。我之所以会选择“宜得利”的深蓝色毛巾，是因为它的尺寸大小，刚好可以挂在水槽下方的收纳柜门把上，而且我也很喜欢它简洁的色彩。在“铁门喀啦喀啦打烊啰”一天的最后时刻，用来擦拭水槽水汽的，也是这条擦手毛巾。这些用完的抹布，除了擦拭餐具的擦碗布是用手洗之外，其他的，我全部都会丢到洗衣机里清洗。即使是如此懒散的我也能够持续下去，以上就是我所推荐的厨房重新归位的整理方式。

记住它就能够运用到！石阪人气食谱

虽说我自幼就非常喜欢料理，但其实我对料理完全是个外行。但是有时候，我的整理课程经常摇身一变成为料理课程。当整理课程结束之后，为了让学生体会在整理就绪的厨房里烹饪料理的流程，我会示范简单的料理给学生看；另外也有些学生是在“Facebook”上看到我上传的晚餐照片，就对我说：“请告诉我这个料理怎么做！”因此在本书的结尾，我介绍以下两款料理给大家，就是在整理课程中也大获好评的“菠菜咸派”以及“炖猪肉”。

不但外形好看，而且既美味又简单，绝对非这两道料理莫属了！记住这两道食谱，只有益处没有坏处。当你整理就绪之后，站在宽广的厨房里，突然想要做一道正式的菜肴时，这两道料理相当简单，请一定要做做看！

菠菜咸派是我从结婚典礼上拿到的食谱中所找到的简单咸派做法。在新婚时期，为了招待朋友到家里来玩，必须要做一道正式的料理，于是我开始到处寻找是否有稍微华丽且时尚的料理时所发现的。

从那时开始，这道料理我做了无数次。甚至连妈妈朋友们都替我起了一个外号，叫我“菠菜咸派的石阪太太”。这道料理真的大获好评，大家都对我说：“快教我！快教我！”结果我的每一位朋友几乎都会做这道料理（笑）。

如果没有菠菜的话，也可以用芦笋、南瓜或是马铃薯来代替，这些食材都能变身成美味的咸派。绝对不能少的是长葱与蘑菇类食材。正式的食谱所写的是双孢蘑菇，其实用做菜时剩下的葱以及金针菇、香菇等食材也没问题。

由于这道咸派不需要使用派皮，让制作的门槛又降低了一些。

做法：

❶ 首先，将一把菠菜用热水汆熟。因为我觉得洗锅子很麻烦，所以都用保鲜膜包起来放进微波炉加热。将1根长葱切成5厘米长度、稍微粗一点的丝状。再将一包份的蘑菇切成薄片。

❷ 在大碗里打进4颗鸡蛋，并倒入鲜奶油1盒，再撒上一小撮奶酪。请将所有材料搅拌均匀，再加入少许的盐、胡椒、肉豆蔻。先试尝看看，如果觉得好吃就OK。

❸ 在平底锅里放入奶油使之溶化，将长葱放进去拌炒，直到颜色产生变化、长葱变软即可。接着再放入蘑菇与煮熟的菠菜，轻轻地炒拌至蘑菇炒熟为止。

❹ 炒完之后，全部丢进盛着蛋汁的大碗里，将其搅拌均匀，再倒进耐热皿里。以180度的高温放进烤箱烤30分钟就完成了。

❺ 刚烤好、热腾腾的咸派非常美味，但其实冷却之后也很好吃。运用身边的食材来享受法式料理的氛围，真是一道实惠美味的食谱。

● 在聚会时大获好评的“菠菜咸派”。也可以用其他蔬菜来做

炖猪肉这道菜煮好之后，可放置起来变化成其他料理，实在非常便利。可切片之后蘸芥末来吃，也可以切碎之后当作炒饭的配料，当然也可以当作拉面的配菜来使用。做成三明治与色拉看起来也很丰盛，夹在烤好的面包里，做成混合三明治也非常美味。

做法：

❶ 在锅子里倒入色拉油，将生姜与长葱切成大块放进去拌炒。炒到香味出来时，就放入猪肩肉的大肉块。当猪肉的表面煎熟之后，用厨房纸巾将锅子里的油擦掉，倒入酒之后会发生滋滋的声响，现在看起来就很好吃了！

❷ 在锅子里放水盖过猪肉，大约400克的猪肉，需要加入味霸或是中华高汤块、蚝油、味醂、酱油各1大匙。调味料的分量，请视味道来调整。这道料理与其味道不足，不如调味重一点比较好。

❸ 然后开火炖煮，时间依照肉块的大小有所不同，如果是压力锅大约煮20分钟，若是一般的锅子就要煮40分钟左右，以中火来炖煮。

❹ 煮好之后，从上方按压肉块，如果弹力十足就代表已经

煮熟。若是不知道是否已煮熟，请将肉块切成两半来看，如果没熟就再煮一阵子即可！

这道料理与其热腾腾地来吃，不如冷却之后再吃。当猪肉冷却之后放进冰箱里。

这道“炖猪肉”煮好之后可以冰起来食用。餐桌上多了这道菜，全家人都会非常开心！

我的家人都非常喜欢这道炖猪肉，只要一放上餐桌，大家就迫不及待地伸出手来，一下子就全部吃光光。不过即使剩下来也不要紧，请将猪肉连着酱汁放进保存容器里，再放进冰箱里保存起来，可以放3~4天。切片之后再冷冻起来，就能够当作拉面的配料。越是不擅长料理的人，越是应该来试试看这道万能食谱。

在整理就绪的家里，全家人一起围着餐桌吃饭的感觉，也会变得很舒适。比起被一大堆物品包围着来用餐，现在连料理的味道都美味了好几倍。

在不带给你压力的厨房里，享受做料理的乐趣，然后全家人一起享用美食。在这样的环境里，孩子们也比较容易帮忙，用餐后的整理工作也会轻松许多。

在整顿好住家之后，为了要体验这种幸福的时刻，请各位一定要试试看这2道食谱。我相信你的家人一定也会很开心。

结 语

老师，我现在回到家了。

玄关处没有任何多余的物品。鞋子也能够立刻归回原位。

不需要再跨越任何物品，也不必再穿过门上悬挂的清洗衣服，就能够直接走到收纳房里，把包包放在黄金区域……

在正中央设置的出门准备区域里，脱下出门穿的衣服，换上居家服。

地板上只放着我最爱的软绵绵的地毯。

在客厅里也不需要闪避任何物品来走路。

最令人担心的厨房，现在每天都能够归位整齐。

冰箱与餐具柜也非常干净清爽。

寝室里再也见不到皱巴巴的棉被。早上我都会整理好再出门。

老师，我在回家的路上，在便利商店前停下了脚步。

眼泪突然涌上来，我开始哭了起来。就连现在眼泪也停不下来。

想到现在能够回到整顿好的家里的快乐，以及之前一直无法整顿干净的痛苦。

我一直都在责备自己，应该要生活得更好才行。

每天我都在询问自己为何无法整理就绪?

每天都在想着，我今天一定要将家里全部整理好。

这种想法越是强烈，无法做到的痛苦就越深。

只是我已经累到连这件事都注意不到，我已经麻痹了。

我之所以会泪流不止，是因为现在的我实在感到太轻松了。

即使在老公面前哭泣，他一定也不知道原因吧！

这个原因只有我自己最清楚。

从无法做到的每一天、痛苦的每一天之中，我被拯救了出来。

接下来，还有一些抽屉内层与置物架需要整理，但是所感受到的负担完全不同。

我还不想从整理课程中毕业（笑）。老师是我的整理住家教母……

寄这封信给我的，是一位在工作与家事间两头忙，感到烦恼不已的年轻太太。A小姐，你已经不要紧了！忙碌于工作与家事之间，唯一不擅长的整理工作，现在也经过完美的思想改革而完成了。即使现在要迎接宝贝出生，也不会感到困扰了吧！

你经历了数次面对“现在”的考验。一边来回徘徊，一边思考工作与家事之间的切换要如何才能够更加轻松，最后好不容易找到了“整理住家”这个答案。

正在阅读本书的各位，请不要将整理住家想得太过困难，请试着想想看“该如何做，才能让自己变得更轻松”。放松自己是应该的。如果拥有的衣物较少，需要清洗的衣物即使堆积如山，但也只是一座小山。如果家里的物品较少，就不需要到处寻找自己要使用的东西了。

如果将住家整理就绪，让全家人都能够帮忙，那么个人的物品就能够各自去管理了。

越是减少必需用品的数量，就越能够变成理想的自己。整顿住家就是这么单纯的事情……但这是一生一世的技术。不论是做家事、管理时间、与人交往、家庭预算等等，都能够使其加分，让人生变得更轻松美好的就是——整理住家。能够得到如此多的美好效果，除了整理住家之外，我想不到第二个方式了。

我原本也是一个不擅长整理住家的平凡家庭主妇，当我发现“整理住家并不只是将家里打扫干净而已，而是会因为整理住家，而使人生得到大大的改善”这一点时，我觉得自己得到了一个很大的领悟。即使是现在，当我与大家一起整理住家时，这个感动又以崭新的面貌出现，让我学习到许多事物。只要牢牢地记住自己为何要整理住家、目不转睛地望着目标、在整理顺序上下点工夫，如此就能够在短短3天之内将家里整顿完毕，这也是一个大发现。

如果你在阅读本书的同时，也与我有相同的感动，那么我就感到相当欣慰了。然后请告诉你的亲朋好友："干净整齐是一件非常舒服美好的事情。"来使整理住家的圈子逐渐扩大。

最后我想要说的是，参与本书出版过程的各位朋友，感谢你们的全力支持。

一开始替我做宣传的散文作家灰谷幸小姐。曾经告诉我"把你的想法写成一本书"的新闻工作者中森勇人先生。还有支持我出书的讲谈社娱乐出版部长高附厚先生、川崎耕司先生。当我沮丧失意时鼓励我的大川朋子小姐、藤村美穗小姐、奥山典幸小姐，以及设计出完美封面的设计师水户部功先生。

最后要感谢的，还有在整理课程中认识的各位学生，在我博客上留言鼓励我的各位读者，以及我最珍贵的家人。各位朋友，衷心感谢你们一路以来的协助！

当整理住家完成之后，崭新的人生正在等待着你们。当各位展开新的人生时，希望本书能够陪伴在你左右。祝福大家！

令人怦然心动的
3日奇迹整理术

摄　　影：大坪尚人（讲谈社摄影部）
石阪京子
发型 & 化妆：中本太（P-cott）
策划编辑：藤村美穗
特约编辑：奥山典幸

服装支持：AMEBEAUTE（P90）
咨询：株式会社 NIKE　电话：06-6310-8848
其他支持：贝印株式会社（P110）　客户服务电话：0120-016-410
DOVER 酒造株式会社（P114）　电话：03-3469-2111
INOMATA 化学株式会社（P116）
咨询：河内物产　电话：0721-70-7028
株式会社中川政七商店（P215）　电话：0743-57-8095

图书在版编目（CIP）数据

令人怦然心动的3日奇迹整理术 /（日）石阪京子著；
王晓维译.—长沙：湖南文艺出版社，2016.7
ISBN 978-7-5404-7627-4

Ⅰ.①令… Ⅱ.①石… ②王… Ⅲ.①家庭生活–基本知识 Ⅳ.①TS976.3

中国版本图书馆CIP数据核字（2016）第112381号

著作权合同登记号：18–2016–079

上架建议：心灵成长·励志

LING REN PENGRAN-XINDONG DE 3 RI QIJI ZHENGLISHU
令人怦然心动的3日奇迹整理术

著　　者：［日］石阪京子
译　　者：王晓维
出 版 人：刘清华
责任编辑：薛　健　刘诗哲
监　　制：蔡明菲　潘　良
策划编辑：李彩萍
特约编辑：田　宇
版权支持：文赛峰
营销编辑：李　群　杨清方
封面设计：黄柠檬
版式设计：李　洁
出版发行：湖南文艺出版社
（长沙市雨花区东二环一段508号　邮编：410014）
网　　址：www.hnwy.net
印　　刷：北京嘉业印刷厂
经　　销：新华书店
开　　本：880mm × 1230mm　1/32
字　　数：150 千字
印　　张：8
版　　次：2016年7月第1版
印　　次：2016年7月第1次印刷
书　　号：ISBN　978-5404-7627-4
定　　价：38.00 元

质量监督电话：010–59096394
团购电话：010–59320018